ARBEITSGEMEINSCHAFT FÜR FORSCHUNG
DES LANDES NORDRHEIN-WESTFALEN

GEISTESWISSENSCHAFTEN

35. Sitzung
am 23. November 1955
in Düsseldorf

ARBEITSGEMEINSCHAFT FÜR FORSCHUNG
DES LANDES NORDRHEIN-WESTFALEN

GEISTESWISSENSCHAFTEN

HEFT 54

Max Braubach

Der Einmarsch deutscher Truppen in die entmilitarisierte Zone am Rhein im März 1936

Ein Beitrag zur Vorgeschichte des zweiten Weltkrieges

SPRINGER FACHMEDIEN WIESBADEN GMBH

ISBN 978-3-663-06041-3 ISBN 978-3-663-06954-6 (eBook)
DOI 10.1007/978-3-663-06954-6

Der Einmarsch deutscher Truppen in die entmilitarisierte Zone am Rhein im März 1936

Ein Beitrag zur Vorgeschichte des zweiten Weltkrieges

Professor Dr. phil. *Max Braubach*, Bonn

Am 7. März 1936 rückten deutsche Truppenabteilungen in die rheinischen Gebiete im Westen des deutschen Reiches ein, die gemäß den Bestimmungen des Friedens von Versailles und auch gemäß den von Deutschland mit den Westmächten im Locarnovertrag von 1925 getroffenen Vereinbarungen entmilitarisiert sein sollten. Da weder sofort eine Gegenaktion erfolgte noch die in London zusammentretenden Delegierten der Signatarmächte von Locarno und des Völkerbundrates über papierne Proteste und unerfüllt bleibende Forderungen hinausgelangten, war das in Deutschland fast allenthalben lebhaft begrüßte, aber auch in weiten Kreisen des Auslandes als unabwendbar hingenommene oder sogar gebilligte Ergebnis die tatsächliche Herstellung der vollen Souveränität des Reiches über sein gesamtes Territorium bis unmittelbar an die Grenzen Frankreichs, Luxemburgs, Belgiens und Hollands. Die Aufmerksamkeit der Welt wurde bald durch andere Ereignisse, durch die Auseinandersetzungen um Abessinien und um Spanien gefesselt, und was dann vollends seit Beginn des Jahres 1938 durch das Ausgreifen Hitlers gegen Osten geschah, mochte bei vielen Zeitgenossen jene Frühjahrsüberraschung von 1936 in Vergessenheit geraten lassen: war sie nicht ein belangloses Ereignis im Vergleich mit dem Anschluß Österreichs an das Reich, mit der Sudetenkrise und ihrer überraschenden Lösung in München, weiter dann mit der Zertrümmerung der Resttschechei und endlich der die Kriegskatastrophe auslösenden dramatischen Entwicklung des deutsch-polnischen Gegensatzes! Und doch haben kluge Beobachter schon damals und erst recht später gerade in jenen Vorgängen des März 1936 den entscheidenden Einschnitt für die verhängnisvolle Richtung erkennen wollen, die Europas Weg nahm. Man hat von dem Relais, der Station gesprochen, wo die Schicksalsreiter die Pferde wechselten [1], von dem eigentlichen Wendepunkt in der Geschichte Europas zwischen den beiden Weltkriegen [2],

[1] Vgl. *L. B. Namier,* Europe in Decay, A Study in Disintegration 1936–1940, 1950, S. 10.

[2] *L. Noël,* Une Ambassade à Varsovie 1935–1939, L'Agression Allemande contre la Pologne, 1946, S. 135.

von dem grundlegenden Umschwung in den Machtverhältnissen und der politischen Entwicklung, mit dem die Möglichkeit einer wirklichen Verständigung verschüttet und nur noch die Wahl zwischen der Anerkennung der Hegemonie Hitler-Deutschlands und dem Krieg gegeben war [3]. Wenn man von außerdeutscher Seite vor allem darauf hingewiesen hat, daß damals seitens der Westmächte die letzte Gelegenheit versäumt worden sei, den deutschen Aufstiegs- und Expansionsplänen ohne ernstliche kriegerische Auseinandersetzung Einhalt zu gebieten und so die Politik des Rechtsbruchs und der brutalen Gewalt gewissermaßen im Keime zu ersticken [4], so haben Weggenossen Hitlers die Behauptung aufgestellt, daß der leichte Erfolg eines von vielen seiner Mitarbeiter widerratenen Unternehmens, um dessen Ausgang er selbst zeitweise in Zweifel und Angst bangte, in ihm erst die Hybris des auf seine Intuition und sein Glück vertrauenden Abenteurers zum Durchbruch gebracht habe, der ihn zum politischen Desperado und zum Würfelspieler in der Völkerpolitik machte [5].

Es ist für den Historiker nicht leicht, zu diesen Thesen Stellung zu nehmen, denn schon bei dem Versuch, durch eine Klarlegung der Vorgänge, der Entschlüsse, die damals gefaßt wurden, und ihrer Auswirkung, die Grundlage für ihre Beurteilung zu schaffen, stößt er auf nicht geringe Schwierigkeiten. Die großen Quellenpublikationen zur Außenpolitik der großen Mächte zwischen den beiden Weltkriegen enthalten durchweg das Material der Jahre 1935/36 noch nicht, man ist also im Wesentlichen auf die bei Gelegenheit der Nürnberger Nachkriegsprozesse bekannt gewordenen Akten oder Niederschriften und auf die späteren Aussagen und Mitteilungen mehr oder weniger beteiligter und mehr oder weniger zuverlässiger Mitspieler und Beobachter angewiesen. Immerhin wird man sagen können, daß

[3] *H. L. Roberts* in *G. A. Craig* and *F. Gilbert*, The Diplomats 1919–1939, 1953, S. 596.

[4] *W. S. Churchill*, Der zweite Weltkrieg, I, Der Sturm zieht auf, 1949, S. 242. Nach *W. Frhr. v. Rheinbaben*, Viermal Deutschland, Aus dem Erleben eines Seemanns, Diplomaten, Politikers 1895–1954, 1954, S. 346, „bedeutete das schwächliche Verhalten Frankreichs und Englands bei der unzweifelhaften Vertragsverletzung durch Hitlers Einmarsch ins Rheinland die entscheidende Ermutigung zum Kriege". Siehe auch das Urteil des Schweizer Historikers *L. v. Muralt*, Bismarcks Verantwortlichkeit, 1955, S. 123/24: „Als 1936 Hitler die Rheinlande besetzte und damit die Locarno-Verträge flagrant verletzte, durften sich die westlichen Großmächte eigentlich so etwas nicht gefallen lassen. Indem sie es zuließen, erfüllten sie die verantwortliche Pflicht nicht, die sie im Gesamtbereich des Zusammenlebens der Mächte hätten erfüllen sollen. Ein rascher Gegenangriff hätte vielleicht eine größere Katastrophe verhindert."

[5] O. *Meissner*, Staatssekretär unter Ebert–Hindenburg–Hitler, Der Schicksalsweg des deutschen Volkes von 1918–1945, wie ich ihn erlebte, 1950, S. 413; O. *Dietrich*, Zwölf Jahre mit Hitler, 1955, S. 44.

für die Reaktion, die durch die überraschende deutsche Aktion in den Hauptstädten der Westmächte ausgelöst wurde, für die Beratungen, Absichten und Maßnahmen in Paris und London, doch eine solche Fülle von Äußerungen und Erklärungen vorliegt, daß man ein verhältnismäßig klares Bild der zu dem tatsächlichen Nichthandeln führenden Motive und Zusammenhänge gewinnen dürfte [6]. Das gleiche gilt aber keineswegs für die deutsche Seite; hier bedarf es sorgfältiger kritischer Analyse und Untersuchung des sehr lückenhaften bis heute vorliegenden Quellenmaterials, um zu einer einigermaßen gesicherten Feststellung auch nur des zeitlichen Gangs der Dinge zu gelangen [7].

I

Als unzweifelhaft kann man auch ohne eindeutigen Quellenbeleg annehmen, daß in Hitlers außenpolitischem Programm von vornherein die baldmögliche Annullierung der Artikel des Versailler Vertrags und der entsprechenden Festsetzungen von Locarno über die Entmilitarisierung der deutschen Grenzlande im Westen vorgesehen war [8]. Die Frage war für ihn nur, wann Deutschland genügend erstarkt war und die allgemeine politische Lage sich so günstig gestaltet hatte, daß er entsprechende Forderungen mit Aussicht auf Erfolg stellen oder Maßnahmen zur Erreichung der Absicht durchführen konnte. Für die Erstarkung Deutschlands war eine wichtige

[6] Neben den Memoiren von *Flandin, Paul-Boncour, François-Poncet, Noël, Gamelin* sind vor allem Bericht und Protokolle des Untersuchungsausschusses der französischen Nationalversammlung heranzuziehen: Assemblée Nationale, Session de 1947, Rapport fait au Nom de la Commission chargée d'enquêter sur les événements survenues en France de 1933 à 1945, I u. II (i. f. zitiert unter *Rapport*). Siehe dazu *P. Dhers*, Du 7 mars 1936 à l'Ile d'Yeu (Notres sur quelques travaux de la Commission parlementaire d'Enquête), Revue d'Histoire de la deuxième Guerre mondiale, II, 1952, S. 17–20.

[7] In den bisher vorliegenden Darstellungen zur Vorgeschichte des zweiten Weltkrieges werden die Vorgänge des März 1936 meist nur kurz dargestellt: *E. Kordt*, Wahn und Wirklichkeit, Die Außenpolitik des Dritten Reiches, 1947, S. 74–79; *H. Holldack*, Was wirklich geschah, Die diplomatischen Hintergründe der deutschen Kriegspolitik, S. 27–30; *M. Baumont*, La Faillite de la Paix (1918–1939), Peuples et Civilisations, Histoire Générale, XX, 1946, S. 680–682; *W. P. Potjomkin*, Geschichte der Diplomatie, III, Die Diplomatie in der Periode der Vorbereitung des zweiten Weltkrieges (1919–1939), 1947, S. 638–647; *G. Salvemini*, Prelude to World War II, 1953, S. 432–438; *A. Bullock*, Hitler, Eine Studie über Tyrannei, 1953, S. 340–346. Siehe auch *M. Toscano*, Origini e Vicende Diplomatiche della seconda Guerra Mondiale, Comitato Internazionale di Scienze Storiche, X Congresso Internazionale di Scienze Storiche, Roma 4–11 Settembre 1955, Relazioni, Vol. V, Storia Contemporanea, S. 28.

[8] Art. 42–44 des Versailler Vertrags, Artikel 2 des Vertrags von Locarno.

erste Grundlage im März 1935 durch die überraschend erfolgte Verkündigung der Wiedereinführung der allgemeinen Wehrpflicht geschaffen worden; seitdem war die schon vorher eingeleitete Aufrüstung, die Umwandlung der Reichswehr in eine starke Wehrmacht, in vollem Gang[9]. Immerhin mußte es längere Zeit dauern, bis in Deutschland ein Rüstungsstand erreicht war, bei dem man sich mit den Streitkräften der Nachbarn, vor allem Frankreichs, messen konnte. Und jene erste offene Verletzung der Bestimmungen von Versailles war zwar von den Siegermächten von einst nicht geahndet worden, hatte aber zur Bildung der sogenannten Stresafront aus Frankreich, England und Italien gegen das Dritte Reich und damit für dieses zu einer gefährlichen Isolierung geführt[10]. Auch beschwichtigende Erklärungen Hitlers, daß es ihm nur auf die Beseitigung unwürdiger, durch das Versailler Diktat dem deutschen Volke auferlegten Fesseln ankomme, er aber entschlossen sei, vom Reich freiwillig übernommene Verpflichtungen zu beachten, m. a. W. sich an den Locarnovertrag zu halten, waren nicht imstande, das durch sein Vorgehen allgemein erweckte Mißtrauen zu bannen[11]. Doch aus anderen Gründen trat seit dem Sommer 1935 eine ganz erhebliche Verbesserung der internationalen Situation für Deutschland ein. Daß die englische Regierung sich bereitfand, um der Begrenzung der deutschen Seeaufrüstung willen ein Flottenabkommen mit dem eben noch wegen der Einführung der Wehrpflicht vom Völkerbund verurteilten Hitler zu schließen, bedeutete eine Auflockerung der Gemeinschaft von Stresa[12], die dann aber vor allem durch den am 5. Oktober beginnenden Angriff Mussolinis auf Abessinien zerrissen wurde. Die von England dirigierte Sanktionspolitik gegen Italien ließ den darüber höchst ergrimmten Duce, der noch

[9] Zur deutschen Aufrüstung siehe *G. Castellan,* Le Réarmement clandestin du Reich 1930–1935, vu par le 2e Bureau de l'Etat-Major Français, 1954; *B. Mueller-Hillebrand,* Das Heer 1933–1945, Entwicklung des organisatorischen Aufbaues, I, Das Heer bis zum Kriegsbeginn, 1954.

[10] Zu Stresa siehe *P.-E. Flandin,* Politique Française 1919–1940, 1947, S. 171–176; *H. Lagardelle,* Mission à Rome, Mussolini, 1955, S. 122–127.

[11] Rede Hitlers vom 21. Mai 1935. Vgl. *A. J. Toynbee,* Survey of International Affairs 1935, I, 1936, S. 169–174.

[12] Siehe die Darstellung und Rechtfertigung des deutsch-englischen Flottenpakts bei *S. Hoare* (Viscount Templewood), Neun bewegte Jahre, Englands Weg nach München, 1955, S. 124–135. Auf England mag übrigens die Besorgnis eingewirkt haben, daß sich aus der zu Beginn des Jahres erfolgten Annäherung zwischen Frankreich und Italien und dem inzwischen erfolgten Abschluß des französisch-russischen Paktes eine für Englands Einfluß nachteilige Entwicklung auf dem Kontinent ergeben könnte. Vgl. *U. Eichstädt,* Von Dollfuß zu Hitler, Geschichte des Anschlusses Österreichs 1933–1938, 1955, S. 85. Siehe auch unten Anm. 79.

aus Anlaß des nationalsozialistischen Putschversuchs in Österreich im Juli 1934 eine drohende Haltung gegen das Reich eingenommen hatte, eine Annäherung an den anderen Diktator in Europa in Erwägung ziehen, während zugleich der Druck, der durch die Einigkeit des Westens bisher auf Deutschland gelastet hatte, auch durch Zerwürfnisse zwischen London und Paris über die gegenüber Italien zu treffenden Maßnahmen gelockert wurde [13]. Wenn Hitler im Osten durch den schon im Januar 1934 mit Polen abgeschlossenen Nichtangriffspakt ein nicht unfreundliches Verhältnis zu dem nächsten Nachbarn des Reichs hergestellt hatte, so war es freilich doch fraglich, ob bei einem Konflikt im Westen die polnische Regierung sich nicht an ihr altes Bündnis mit Frankreich halten werde. Zudem stand jener Auflösung der Stresafront eine nach der deutschen Wehrpflichtankündigung zu einem vorläufigen Abschluß gebrachte engere Verständigung zwischen Frankreich und der Sowjetunion gegenüber; im Mai 1935 war zwischen beiden ein Vertrag über gegenseitige Hilfeleistung unterzeichnet worden, der durch eine Abmachung Rußlands mit der Frankreich verbündeten Tschechoslowakei ergänzt wurde [14]. Immerhin gab es nicht nur in England, sondern auch in Frankreich selbst einflußreiche Kreise, die diese Bindung an das bolschewistische Rußland mißbilligten; eine Vorlage des Vertrags an die Volksvertretung in Paris zur Ratifikation fand zunächst nicht statt, und so mochte man in Berlin hoffen, daß dies Blatt Papier keine Rechtskraft erhalten werde. Im ganzen konnte man wohl zu dem Schluß kommen, daß die internationale Lage sich in einer Bewegung befand, die dem Dritten Reich einige Chancen bot, und man konnte weiter in Rechnung stellen, daß im Westen, vor allem in England, angesichts des Konflikts mit Italien und der durch das Anwachsen einer Volksfrontbewegung in Spanien bestärkten Besorgnis vor einem Vordringen des Bolschewismus die Neigung zu einer Verständigung mit Hitler im Ansteigen war. Trotzdem mußte es als fraglich, ja unwahrscheinlich gelten, daß eine Forderung auf die Beseitigung der Entmilitarisierungsbestimmungen für die rheinischen Lande Aussicht auf Annahme durch die Vertragspartner von Locarno hatte. Wenn Frankreich in ihnen eine wichtige Grundlage für die eigene Sicherung sah, so mußten rechtliche und politische Überlegungen die übrigen Signatarmächte und den Völkerbund an dessen Seite führen.

[13] *Hoare* S. 136–160; *Lagardelle* S. 135–171; *A. Mallet*, Pierre Laval, I, Des Années obscures à la Disgrâce du 13 Décembre 1940, S. 96–112.

[14] Vgl. *P. Reynaud, Au* Coeur de la Mêlée 1930–1945, 1951, S. 71–81; *Mallet* I, S. 82–89.

Wir wissen nicht, ob Hitler jemals daran gedacht hat, die Aufhebung jener Bestimmungen von Versailles und Locarno auf diplomatischem Wege, durch Vorstellungen und Verhandlungen, zu erreichen. Wahrscheinlich ist er von vornherein der Überzeugung gewesen, daß er so den zu erwartenden Widerspruch niemals überwinden werde, und so hat er wohl schon früh ein fait accompli, die Annullierung durch die Tat, ins Auge gefaßt, wobei er mit der Wirkung der dadurch hervorgerufenen Verwirrung rechnete. Daß er diesen Coup seit dem Frühjahr 1935 planmäßig vorbereitet habe, ist von der Anklagebehörde in dem Nürnberger Hauptprozeß gegen seine Paladine unter Berufung auf einen Geheimbefehl des Reichswehrministers Blomberg vom 2. Mai 1935 und auf den Bericht über eine Sitzung eines Arbeitsausschusses des Reichsverteidigungsrates vom 26. Juni 1935 behauptet worden, doch in beiden Dokumenten ist, wie einwandfrei nachgewiesen werden kann, von etwas ganz anderem die Rede [15]. Auch daß nach den nach Paris weitergegebenen Beobachtungen des französischen Generalkonsuls in Köln Dobler im Laufe des Jahres 1935 in der entmilitarisierten Zone Vorbereitungen für eine künftige Unterbringung von Truppen getroffen und in Versammlungen und Presseäußerungen von der Notwendigkeit der Herstellung voller Souveränität für Deutschland gesprochen wurde, wird man nicht als Beweis für feste Absichten Hitlers ansehen; natürlich hat man innerhalb der deutschen Heeresleitung die erwünschte Möglichkeit einer baldigen Lösung der Rheinlandfrage schon in Betracht gezogen und für diesen Fall Vorkehrungen eingeleitet, und daß diese Lösung einmal kommen würde, davon war man in breiten Kreisen des deutschen Volkes überzeugt, wie dies denn auch der damalige Kölner Regierungspräsident Diels gegenüber Dobler ganz offen zum Ausdruck brachte [16]. Daß aber gerade auch in den Behörden, von denen jene vorbereitenden Maßnahmen ausgingen, nicht an eine plötzliche Aktion gedacht wurde, zeigt eine Äußerung des Generals von Reichenau in der erwähnten Ausschußsitzung des Reichsverteidigungsrates, daß Frankreich nur auf den Augenblick warte, wo Deutschland einen neuen Schritt gegen die Verträge tue, um seinerseits mobilzumachen, alles aber daran liege, keine derartigen Tatsachen zu schaffen, um die Zeit für Deutschland wirken zu lassen. Und es ist kein Grund vorhanden, an der Aufrichtigkeit der übereinstimmenden Aussagen von Mitgliedern der Re-

[15] Der Prozeß gegen die Hauptkriegsverbrecher vor dem Internationalen Militärgerichtshof Nürnberg 14. November 1945 bis 1. Oktober 1946, 1947/49 (i. F. abgek. *IMT*), II, S. 261, 379–383, V, S. 38, IX, S. 113, 560–562, XXXVI, S. 410–437.

[16] *Rapport* II, S. 469–481.

gierung, des Auswärtigen Amtes und des Heeres zu zweifeln, daß Hitler mit dem Entschluß zum Einmarsch in das Rheinland ganz überraschend erst kurze Zeit vor seiner Durchführung hervorgetreten ist [17] – von dem genauen Termin wird gleich noch die Rede sein. Wenn so die Versicherung Görings in Nürnberg, die Aktion sei nicht von langer Hand vorbereitet worden, wohl zutrifft, so wird man dagegen seiner und anderer Vertrauter Hitlers Behauptung, daß es ein Vertragsbruch der Gegenseite war, der ihn zum Handeln bestimmte, daß also die offizielle Version, mit der dann vor der Welt dies Handeln gerechtfertigt wurde, richtig war, nicht ohne weiteres für glaubwürdig halten können. In dem französisch-russischen Pakt vom Mai 1935, so erklärte man schon unmittelbar nach dessen Bekanntwerden, liege eine Verletzung der von Frankreich in Locarno übernommenen Verpflichtungen vor. Es soll hier nicht untersucht werden, ob diese Behauptung begründet war, denn auch, wenn sie zutraf, war damit ein einseitiges Abgehen Deutschlands von seinen Verpflichtungen ohne Zustimmung der Signatarmächte von Locarno völkerrechtlich kaum erlaubt. Sicher war jener Pakt Hitler unangenehm, und er mußte wünschen, daß er nicht rechtskräftig wurde. Aber man gewinnt doch den Eindruck, daß er ihm schließlich zu einem willkommenen Vorwand wurde, um das für früher oder später geplante Unternehmen durchzuführen. So ist es möglich, daß die Vorgänge um den Pakt den Zeitpunkt der Aktion bestimmt haben, daß sie in ihm angesichts der sich ihm hier bietenden Handhabe, die Schuld an dem Bruch von Locarno der anderen Seite zuzuschieben, aus dem Plan den Entschluß, jetzt und so vorzugehen, werden ließen. Noch konnte er angesichts der damals für Deutschland sehr ungünstigen Lage daran nicht denken, als er dem feierlichen Bekenntnis zu den von Deutschland freiwillig übernommenen Verpflichtungen in seiner Rede vom 21. Mai 1935 die Bedingung beifügte, daß auch die anderen die betreffenden Verträge einhielten, und eine unmittelbar darauf erfolgende Erklärung der Reichsregierung die Unvereinbarkeit des soeben unterzeichneten Abkommens zwischen Frankreich und der Sowjetunion mit Locarno behauptete [18]. Aber dann fiel die schon geschilderte Verbesserung der deutschen Stellung in Europa zusammen mit den erst nach langem Zögern unternommenen Schritten Frankreichs, dem russischen

[17] Aussagen Görings, Neuraths, Paul Schmidts und Jodls in Nürnberg: *IMT* IX, S. 321/22, 560, X, S. 247, XV, S. 386, XVI, S. 684. Siehe auch *J. v. Ribbentrop*, Zwischen London und Moskau, Erinnerungen und letzte Aufzeichnungen, 1953, S. 78; *Dietrich* S. 44.

[18] Note der Reichsregierung an die Signatarmächte des Locarnovertrags vom 25. Mai 1935. Weltgeschichte der Gegenwart in Dokumenten, III, 1935/36, hrsg. v. *W. Frauendienst,* [3]1944, S. 296–299.

Pakt durch Herbeiführung der Ratifikation seitens der Volksvertretung wirkliche Geltung zu verschaffen. Am 16. Januar 1936 hat noch die Regierung Laval seine Vorlage an die Kammer angekündigt, sie ist dann durch die neue Regierung Sarraut am 11. Februar erfolgt. Es ist keineswegs ausgeschlossen, daß Hitler sich erst daraufhin entschlossen hat, die Ratifikation mit dem überraschenden Einmarsch deutscher Truppen in die entmilitarisierte Zone zu beantworten [19].

Läßt sich der Zeitpunkt dieses Entschlusses genauer bestimmen? Ganz allgemein haben die Angeklagten in Nürnberg von einem jener plötzlichen Entschlüsse Hitlers gesprochen, die innerhalb weniger Tage ausgeführt werden sollten, und der General Jodl, der selbst von der Absicht erst am 1. oder 2. März erfahren haben will, glaubte daraus die Folgerung ziehen zu können, daß früher auch keine Entscheidung beim Führer selbst gefallen war. Göring erinnerte sich an einen Zeitraum von immerhin zwei bis drei Wochen zwischen Beschluß und Ausführung, und ebenso wollten Angehörige des Auswärtigen Amts wie der Dolmetscher Paul Schmidt etwa zwei bis drei Wochen vor dem Einmarsch von dem Vorhaben gehört haben. Wir dürfen indessen auf Grund der Angaben des damaligen Wehrmachtadjutanten Hitlers, des Oberst Hoßbach, den Termin noch weiter vorrücken, nämlich auf den Anfang des Monats Februar 1936, denn Hoßbach ist die Absicht während des Aufenthalts in Bayern aus Anlaß der Winter-Olympiade in Garmisch-Partenkirchen bekanntgeworden, die am 6. Februar in Anwesenheit Hitlers eröffnet worden war und bis zum 15. Februar dauerte [20]. Schon

[19] Was *F. Hesse*, Das Spiel um Deutschland, 1953, S. 52–57, über die Motive und Ziele von Hitlers Entschluß berichtet, ist unwahrscheinlich. Auf der einen Seite behauptet er, daß Hitler über die Aktion seit einem Jahre unaufhörlich mit seinen außenpolitischen Beratern diskutiert habe, wofür uns sonst kein Beleg vorliegt. Dann aber soll ihn der Glaube, daß wegen Abessiniens ein großer Konflikt zwischen den Westmächten bevorstehe, bewogen haben, „Sicherungsmaßnahmen zur Verteidigung des Reiches" zu ergreifen. Wenn die Rede davon ist, daß ein Brief Mussolinis ihn dazu ermuntert habe, so wird weiter als letzter Anstoß für sein Vorgehen der ihm durch die „Schwatzhaftigkeit" der Italiener bekanntwerdende Inhalt von Verhandlungen zwischen den Westmächten in Genf und London im Januar und Februar 1936 bezeichnet, wonach England gegen Zugeständnisse in der Sanktionsfrage sich bereitgezeigt habe, ein Abkommen gegen eine etwaige Besetzung des Rheinlandes durch Hitler zu treffen; er habe darauf geglaubt, schleunigst handeln zu müssen, ehe diese Abmachung perfekt würde. Siehe zur Unzuverlässigkeit der Erzählungen von Hesse *H. Krausnick*, Legenden um Hitlers Außenpolitik, Vierteljahreshefte für Zeitgeschichte, II, 1954, S. 217–239. *M. Braubach*, Neue Veröffentlichungen zur Zeitgeschichte, Historisches Jahrbuch 75, 1956, S. 233–236.

[20] *F. Hoßbach*, Zwischen Wehrmacht und Hitler 1924–1938, 1949, S. 97. – Zur Winterolympiade vgl. *G. Rühle*, Das Dritte Reich, Dokumentarische Darstellung des Aufbaues

als Hitler seinen Aufenthalt in Bayern unterbrach, um am 12. Februar an den Beisetzungsfeierlichkeiten für den ermordeten Landesgruppenleiter Gustloff in Schwerin teilzunehmen, stand nach Hoßbachs Mitteilungen der Beschluß zur Inangriffnahme der Aktion fest, von dem während eines kurzen Erscheinens des Führers in Berlin auf der Rückfahrt noch am gleichen 12. Februar einige Persönlichkeiten wie der Chef der Heeresleitung, General v. Fritsch, und nach dem Wiedereintreffen in Bayern weitere, darunter der Reichswehrminister Blomberg, unterrichtet wurden. Aus den etwas verworrenen rückblickenden Aufzeichnungen Ribbentrops im Nürnberger Gefängnis, nach denen er aus dem Hotel Vier Jahreszeiten in München mit Hitler über den Gedanken telephonierte, gleichzeitig mit dem Einmarsch die Rückkehr Deutschlands in den Völkerbund anzubieten, läßt sich wenigstens schließen, daß damals, entweder vor oder nach der Schwerinreise, der modus procedendi zur Debatte stand [21]. Wenn wir dann durch Erich Kordt erfahren, daß Ribbentrop nach seiner Rückkehr nach Berlin am 15. Februar die Herren seines außenpolitischen Sonderamtes mit Fragen über Locarno und den Völkerbund überschüttete [22], so hat nach Hoßbach Hitler noch in München selbst außenpolitische Vorbereitungen getroffen, indem er auf dem Luftwege den Botschafter in Rom, Ulrich von Hassell, kommen ließ und nach einer ihn sehr befriedigenden Unterredung in seiner Privatwohnung am 14. Februar sofort wieder zurücksandte, offenbar um Mussolini seine Bereitschaft zur Unterstützung in der Abessinienfrage mitzuteilen [23]. Wohl unmittelbar nach der Rückkehr aus München ist auch der damalige Geschäftsträger in Paris, Botschaftsrat Dr. Forster, nach Berlin beordert worden, wo er von Hitler in Gegenwart Neuraths, Ribbentrops und Blombergs empfangen, ihm der Plan unter dem Siegel tiefster Verschwiegenheit enthüllt und er zu einem eingehenden Bericht über die innenpolitische Lage in Frankreich

der Nation, Das vierte Jahr 1936, 1937, S. 181; *Schulthess'* Europäischer Geschichtskalender 77, NF. 52, 1937, S. 22/23, 577.

[21] *v. Ribbentrop* S. 80.

[22] *E. Kordt*, Nicht aus den Akten . . ., Die Wilhelmstraße in Frieden und Krieg, Erlebnisse, Begegnungen und Eindrücke 1928–1945, 1950, S. 129.

[23] *Hoßbach* a. a. O. – *A. J. Toynbee*, Survey of International Affairs 1936, 1937, S. 259, 577, berichtet von mehreren Reisen Hassells zwischen Deutschland und Italien im Laufe des Februar, in denen er ein deutliches Zeichen der Annäherung der beiden Länder sieht. Nach seinen Angaben ist Hassell nach einer Unterredung mit Mussolini am 18. von Rom wieder nach Berlin gefahren, um nach seiner Rückkehr am 24. wieder von Mussolini empfangen zu werden. Nach *Lagardelle,* S. 229, wäre Mussolini jedoch von der Absicht des deutschen Einmarsches in die Rheinlande nicht unterrichtet worden.

und die von dort zu erwartende Reaktion veranlaßt wurde [23a]. Soviel dürfte aus all dem geschlossen werden, daß Hitler jedenfalls schon vor dem 11. Februar, dem Tage der Vorlage des russischen Pakts in der französischen Kammer, sich intensiv mit dem Einmarsch in die entmilitarisierte Zone beschäftigt hat und daß er spätestens unmittelbar danach die ersten Schritte zur Durchführung tat.

Es kann nicht zweifelhaft sein, daß es Hitler allein war, auf den der Entschluß, die ganze Frage durch einen Gewaltakt zu lösen, zurückging. Schon in jenem Stadium der Entwicklung der Diktatur wäre es für seine Berater kaum möglich gewesen, ihm in den Arm zu fallen. Aber wäre dazu in diesem Falle überhaupt der Wille oder Wunsch vorhanden gewesen? Bei den nationalsozialistischen Parteigenossen, die sein Vertrauen besaßen und wichtige Posten des Regierungsapparats einnahmen, fand er rückhaltlose Zustimmung; Männer wie Göring und Goebbels haben ihn sicher eher ermutigt als gewarnt [24], und Ribbentrop hat noch im Nürnberger Gefängnis bekundet, den Führer dahin beraten zu haben, daß man sich in England mit der Wiederherstellung der deutschen Wehrhoheit im Rheinland abfinden werde [25]. Wie aber stand es mit dem Auswärtigen Amt und der Wehrmachts- bzw. Heeresleitung, die damals doch noch keineswegs als völlig gleichgeschaltet gelten konnten? Die sorgenvolle, ja ablehnende Stimmung, mit der man hier wie dort dem Plan gegenüberstand und die eigene Verantwortung abzulehnen suchte, wird uns in halb scherz-, halb ernsthaften Bemerkungen deutlich, mit denen nach Angaben des Finanzministers Schwerin-Krosigk in dessen Anwesenheit der Generalstabschef Beck und der Staatssekretär im

[23a] Freundliche Mitteilung von Gesandten a. D. Dr. *Dirk Forster*, Deisenhofen bei München. Danach empfing Hitler ihn mit den Worten, daß es ihm den Kopf kosten würde, wenn er nicht unbedingtes Stillschweigen bewahre, und stellte dann viele in Einzelheiten gehende Fragen nach den politischen Verhältnissen in Frankreich. Forster hat die Frage, ob er angesichts der von ihm geschilderten Schwäche der nur als Notlösung bis zu den Neuwahlen im Frühjahr geltenden Regierung Sarraut einen Erfolg des geplanten Unternehmens garantieren könne, entschieden verneint, da für die französische öffentliche Meinung die Entmilitarisierungsbestimmungen das Kernstück des Verhältnisses zu Deutschland seien, worauf Hitler immer gereizter und sarkastischer wurde. – Forster war seit dem Tode des Botschafters Köster Ende 1935 Geschäftsträger in Paris und blieb es bis zum Dienstantritt des neuen Botschafters Grafen Welczek im Mai 1936.

[24] Vgl. die Bemerkung bei *Toynbee*, Survey 1936, S. 258: "The project was said to have been supported by General Göring and Dr. Goebbels and to have been strongly opposed on economic and political grounds by Dr. Schacht and by Herr von Neurath, and on military grounds by General von Blomberg." Hinsichtlich Neuraths traf dieses Gerücht kaum zu.

[25] *v. Ribbentrop* S. 78.

Außenamt Bülow dann den vollzogenen Einmarsch kommentierten; der vorwurfsvollen Frage des Soldaten „Was macht Ihr für Sachen!" begegnete der Diplomat mit der Gegenfrage „Sind wir in das Rheinland einmarschiert oder Ihr?" [26]. Dabei ist nun freilich festzustellen, daß man in der Zielsetzung mit Hitler auch in der Wilhelm- und in der Bendlerstraße übereinstimmte und nur die Methode Bedenken erregte, und daß diese Bedenken nicht aus der Rechtssphäre stammten, sondern ihren Grund in der Angst vor Gegenmaßnahmen hatten, denen gegenüber man Deutschlands Widerstandskraft noch keineswegs für ausreichend hielt. Zudem bestand aber auch hinsichtlich der Verwerfung der Methode in diesen Kreisen keine Einigkeit. Zwar hat z. B. Botschaftsrat Forster in jener Unterredung mit Hitler vor einer gewaltsamen Remilitarisierung gewarnt, da Frankreich ein Ultimatum stellen und die überlegene Macht des halbmobilen Deckungsheeres (Armée de couverture) einsetzen, jedenfalls aber mit dem geplanten Coup eine Verständigung mit dem Westen unmöglich gemacht werde. Dagegen hat gerade der maßgebende Mann des Auswärtigen Amts, der einzige, der außer Ribbentrop unmittelbaren Zutritt zu Hitler hatte und von diesem, wenn auch wohl verhältnismäßig spät, zu Rate gezogen worden war, der Reichsaußenminister v. Neurath, der sicherlich früher und später oft versucht hat, zu mäßigen und zu bremsen, in diesem Fall anscheinend eher zugeredet als abgeraten. Nach seinen eigenen Aussagen und denen seiner Mitarbeiter hat er einmal der These von dem Bruch des Locarnovertrages durch den französisch-russischen Pakt und von dem daraus für Deutschland sich ergebenden Recht zur Wiederherstellung der vollen deutschen Wehrhoheit entschieden zugestimmt und war er weiter von der Unausweichlichkeit dieser, wie er es bezeichnete, dynamischen Entwicklung und davon überzeugt, daß ein bewaffnetes Einschreiten der Westmächte nicht erfolgen werde [27]. Dem hat dann auch, wie wir noch sehen werden, sein Verhalten während der Aktion entsprochen. Weit bedenklicher sind offenbar die Soldaten gewesen. Von Fritsch bekundet Hoßbach, daß er vom Standpunkt der Landesverteidigung die Einbeziehung der Rheinlande in die Militärhoheit als Notwendigkeit ansah und daher Hitlers Absichten nicht grundsätzlich ablehnte, dabei aber auf das Risiko eines Krieges hinwies, das nicht eingegangen werden dürfe [28].

[26] *L. Graf Schwerin v. Krosigk,* Es geschah in Deutschland, Menschenbilder unseres Jahrhunderts, 1951, S. 310.

[27] Siehe die Aussagen Neuraths in Nürnberg, *IMT* XVI, S. 684/85; ebenda die Äußerungen Schmidts und Dieckhoffs: X, S. 247/48, XVII, S. 50/51, 140.

[28] *Hoßbach* S. 97. Siehe auch die Aussage Mansteins in Nürnberg, *IMT* XX, S. 657: „Ich weiß, daß sich damals der Reichskriegsminister und der Generaloberst von Fritsch

Blomberg war sicher derselben Meinung, und wenn dieser ganz auf Hitler eingeschworene Mann es auch kaum gewagt haben wird, Warnungen in scharfer Form auszusprechen, so zeigt doch der ungewöhnlich hohe Grad von Nervosität, den man bei ihm in jenen Wochen bemerkte, wie unbehaglich und unsicher er sich fühlte [29]. Hinsichtlich der Offiziere in der Bendlerstraße hat Jodl bekundet, daß es ihnen so unheimlich zumute war wie dem Spieler, der sein ganzes Vermögen im Roulette auf rot oder schwarz setzt [30]. Wenn der damalige Chef der Operationsabteilung Manstein ganz allgemein betont, daß die Besetzung von militärischer Seite jedenfalls nicht gefordert worden sei [31], so scheint der Ton eines Schreibens, das nach den Ereignissen ein anderes einflußreiches Mitglied des Generalstabs, Heinrich von Stülpnagel, an den mit ihm befreundeten Militärattaché in London Geyr von Schweppenburg richtete, doch darüber hinaus eine Mißbilligung anzuzeigen, die dem ganzen Régime galt, das auch hier wieder seine Unbedenklichkeit und damit Gefährlichkeit für Deutschland enthüllt hatte: „Ich ahnte“, so lesen wir da, „natürlich nichts von dem, was geschehen ist, bis ich in allerletzter Minute unterrichtet wurde. Aber ich fühlte seit Wochen, daß etwas in der Luft läge, was wir Soldaten nicht erfahren sollten“ [32].

Wie sich auch aus diesem Brief ergibt, ist es zunächst nur ein ganz kleiner Kreis gewesen, der in den Plan eingeweiht wurde. Gerade in der völligen Überraschung der Welt sah Hitler nicht mit Unrecht eine wesentliche Vorbedingung für den Erfolg, deshalb galt es für Geheimhaltung zu sorgen und die Bewegungen erst im letzten Augenblick anlaufen zu lassen, mochten sich daraus auch Schwierigkeiten bei dem Vollzug ergeben [32a]. Von vornherein

insofern bedenklich geäußert haben, als sie Hitler vor einer solchen einseitigen Lösung dieser Frage gewarnt haben“. Vgl. ferner die Tagebucheintragung des amerikanischen Journalisten Shirer unter dem 8. März: “Apparently Fritsch (commander-in-chief of the Reichswehr) and most of the generals opposed the move, but Blomberg, who has a blind faith in the Führer and his judgment, talked them into it. It may be that Fritsch, who loves neither Hitler nor the Nazi regime, consented to go along on the theory that if the coup failed, that would be the end of Hitler; is it succeeded, then one of his main military problems was solved”; *W. L. Shirer,* Berlin Diary, The Journal of a Foreign Correspondent 1934–1941, 1943, S. 45.

[29] Vgl. *Shirer* S. 42, 44.

[30] *IMT XV, S. 386.*

[31] *IMT* XX, S. 657.

[32] *Frhr. Geyr von Schweppenburg,* Erinnerungen eines Militärattachés, London 1933–1937, 1949, S. 80.

[32a] Während, wie wir sahen, der deutsche Geschäftsträger in Paris unterrichtet war, scheint der Botschafter in London v. Hoesch nicht eingeweiht worden zu sein. Vgl. *Geyr v. Schweppenburg* ebenda.

bestand wohl die Absicht, die Verwirrung auf der Gegenseite dadurch zu verstärken, daß der Schlag – genauso wie die Verkündung der Wehrpflicht im Vorjahr – an einem Samstag erfolgte, an dem angesichts der üblichen Wochenendruhe in den meisten politischen Zentren, vor allem in Staaten mit demokratisch-parlamentarischer Verfassung, die führenden Männer sich zerstreut hatten und es Mühe machte, sie wieder herbeizuholen, so daß zum mindesten über den Sonntag Zeit gewonnen war [33]. Im übrigen hing der Termin von dem Eintreten des vorgesehenen Rechtfertigungsgrundes, der Ratifikation des Russenpaktes durch die Abgeordnetenkammer in Paris, ab. Wieder läßt es sich nicht beweisen, daß das am 21. Februar veröffentlichte deutsche Kommuniqué, das erneut die Unvereinbarkeit des Paktes mit dem Locarnovertrag erklärte, und der beredte Appell zur Verständigung mit Deutschland, den Hitler am gleichen Tage in einem dem französischen Journalisten Bertrand de Jouvenel gewährten Interview an die Franzosen richtete [34], nur ein vorbereitendes taktisches Manöver waren. Neurath hat das Gegenteil behauptet, und ihm mögen diese Verlautbarungen in der Tat als ein letzter Versuch gegolten haben, die Ratifizierung und damit auch die deutsche Aktion zu verhindern [35]. Ob aber auch Hitler? Merkwürdigerweise ist Jouvenels Bericht erst am 28. Februar im „Paris Midi" veröffentlicht worden, am Tage zuvor aber hatten die Volksvertreter im Palais Bourbon mit großer Mehrheit dem Vertrag mit der Sowjetunion ihre Zustimmung gegeben. Von deutscher Seite hat man behauptet, daß einflußreiche Kreise in Paris durch Verzögerung der Bekanntgabe eine Wirkung der Warnungen und Angebote Hitlers hätten verhindern wollen; im Grunde aber ist sie der deutschen Führung als ein neues Argument, um die Gegenseite vor der öffentlichen Meinung ins Unrecht zu setzen, wohl kaum ungelegen gekommen. Zunächst geschah nach dem Beschluß der Ratifikation, die übrigens erst mit der Sanktion auch durch den Senat am 12. März wirklich vollzogen war, nichts. Neurath hat immerhin in einer Unterredung mit dem amerikanischen Botschafter Dodd am 29. Februar nachdrücklich auf die

[33] *Shirer* S. 44: "Saturday is Hitler's day all right: the blood purge, conscription, today – all Saturday affairs". Siehe auch *A. François-Poncet,* Souvenirs d'une Ambassade à Berlin Septembre 1931 – Octobre 1938, 1946, S. 251: « De nouveau, Hitler a pris sa décision en mars, et un samedi; le samedi est un jour avantageux, parce que, le dimanche, qui le suit, étant jour de congé, les mouvements de l'adversaire en sont gênés. »

[34] Vgl. Weltgeschichte in Dokumenten, III, S. 320–322; *IMT* XL, S. 506–509; *Toynbee,* Survey, S. 257. Über die näheren Umstände des Interviews und die Gründe der Verzögerung seiner Veröffentlichung siehe *Reynaud* S. 85/86; *O. Abetz,* Das offene Problem, Ein Rückblick auf zwei Jahrzehnte deutscher Frankreichpolitik, 1951, S. 78.

[35] *IMT* XVI, S. 684.

Notwendigkeit der Aufhebung der Entmilitarisierung hingewiesen und im weiteren Verlauf des Gesprächs zu Dodds Überraschung als mögliche Gegenleistung die Rückkehr Deutschlands in den Völkerbund erwähnt, jedenfalls aber den Eindruck erweckt, daß nur ein friedliches Aushandeln erwogen werde [36]. Und als Hitler am 2. März den französischen Botschafter François-Poncet empfing, der im Auftrag seiner Regierung um eine nähere Erläuterung der in dem Interview Jouvenel gegenüber gemachten Ausführungen bat, erging er sich zwar in heftigen Vorwürfen und allgemeinen Tiraden, vom Rheinland aber sprach er kein Wort [37]. Und doch war es wohl schon am 28. entschieden, daß der nächste Samstag, der 7. März, der Tag X oder Z sein sollte. Anscheinend sind die für Entwurf und Ausstellung der nötigen Befehle zuständigen militärischen Stellen am 1. oder 2. März dazu aufgefordert worden; nur einen Nachmittag, so berichtet Manstein, habe er für die Ausarbeitung Zeit gehabt [38].

Von diesen Befehlen ist uns im Wortlaut die vom 2. März datierte grundlegende Weisung Blombergs an die Oberbefehlshaber von Heer, Marine und Luftwaffe über die überraschende und gleichzeitige Verlegung von Teilen des Heeres und der Luftwaffe in Standorte der entmilitarisierten Zone bekannt [39]. Es sollten danach Teile vorwiegend des VI., IX. und V. Armeekorps [40] in ständige Standorte am Rhein und ostwärts, außerdem je ein Infanteriebataillon nach Aachen, Trier und Saarbrücken, ferner je ein Jagdgeschwader in die Gegend von Köln und Koblenz sowie Flakartillerie in die Nähe der wichtigsten Rheinübergänge verlegt werden, wobei eine erste

[36] Ambassador *Dodd's* Diary 1933–1938, ed. b. W. E. Dodd, Jr., and M. Dodd, 1941, S. 321/22, 329/30. Dodd war empört, daß Neurath in einer späteren Unterredung am 18. März sich an seine früheren Eröffnungen nicht mehr zu erinnern schien: "He was suave and smiling as if everything he had discussed with me February 29 had worked out according to his advice. He even denied what he told me on the former occasion, namely, that he was urging a diplomatic solution of the Rhine demilitarization matter. I suppose it is impossible to trust even the more conservative members of the government".

[37] *François-Poncet* S. 250. Siehe auch *Meissner* S. 409, der in den Äußerungen Hitlers ein Abrücken von den Jouvenel gegebenen versöhnlichen Erklärungen sieht.

[38] *IMT* XX, S. 657 – *Toynbee*, Survey, S. 260, führt übrigens in Berlin nach der Aktion kursierende Mitteilungen an, daß ursprünglich der 13. März für die Versammlung des Reichstages und den Einmarsch bestimmt gewesen sei, man dann aber auf Grund von Nachrichten aus Paris und Genf im letzten Augenblick den Termin vorverlegt habe. Siehe auch *Dodd* S. 323; *Shirer* S. 39.

[39] *IMT* XXXIV, S. 645–647. Siehe auch *Holldack* S. 282/83.

[40] Es handelt sich um die Generalkommandos in Münster, Kassel und Stuttgart. Siehe *Mueller-Hillebrand* S. 131; *Benoist-Méchin*, Histoire de l'Armée Allemande, II, De la Reichswehr à l'Armée Nationale (1919–1938), 1938, S. 605.

Staffel am Z-Tage 12 Uhr, die zweite 24 Stunden später an Ort und Stelle einzutreffen hatten. Um, wie es hieß, den friedensmäßigen Charakter der Aktion zu wahren, waren militärische Sicherungs- und Vorausmaßnahmen ohne ausdrücklichen Befehl nicht zu treffen. Späterer Entscheidung blieb es auch vorbehalten, was geschehen sollte, falls die übrigen Signatarmächte des Locarnopaktes den Marsch der deutschen Truppen mit militärischen Vorbereitungen beantworten sollten, doch war hier immerhin gesagt, daß im Falle feindlicher Grenzverletzungen in offensiver Absicht den Aufmarsch- und Kampfanweisungen entsprechend zu verfahren sei. Daß man eine solche Entwicklung natürlich keineswegs wünschte, zeigen die uns gleichfalls vorliegenden Anweisungen Blombergs an den Oberbefehlshaber der Marine und die darauf am 6. März erlassenen Befehle des Admirals Raeder [41]. Da war gefordert, daß man sich zwar gedanklich auf etwa erforderliche Sicherungsmaßnahmen einzustellen, nach außen aber alles zu unterbleiben habe, was auf eine militärische Vorbereitung für einen Konfliktsfall hindeuten würde, und es wurde gewarnt, durch Feiern oder eine zur Schau getragene Kriegsbegeisterung dem Ausland ein falsches Bild von den Absichten des Führers zu übermitteln und dadurch die friedliche Absicht zu erschweren. Im übrigen war die Überführung von U-Booten von Kiel nach Wilhelmshaven angeordnet, die Entscheidung über das Auslegen einer U-Boot-Aufklärungslinie aber vorbehalten und für die Luftaufklärung ein Überschreiten der Linie Texel–Doggerbank erst vom zweiten Tage mittags an gestattet. Schon an dieser Stelle sei vermerkt, daß die Vorbereitungen wie dann auch die Aktion am 7. März in militärischer Beziehung planmäßig durchgeführt wurden. Insgesamt scheinen rund 30 000 Mann in Bewegung gesetzt worden zu sein, wozu ein Eisenbahntransport von etwa 90 Zügen notwendig war [42]. Bis zu den Bataillons- und Artillerieabteilungskommandeuren aufwärts hat man in der Truppe bis zum Morgen des Einmarschs an eine Übung oder einen Probealarm geglaubt [43].

[41] *IMT* XXXIV, S. 780–782.

[42] Die Zahl von 19 Bataillonen und 13 Artillerieabteilungen mit insgesamt 30 000 Mann findet sich übereinstimmend bei *Benoist-Méchin* S. 644 und *Meissner* S. 410. *Toynbee*, Survey, S. 262, nennt die gleiche Anzahl von Bataillonen und Abteilungen, die er aber auf ungefähr 35 000 Mann schätzt. Nach der Aussage Jodls in Nürnberg, *IMT* XV, S. 387, wurde das Rheinland im ganzen mit rund einer Division besetzt, von der je ein Bataillon nach Aachen, Trier und Saarbrücken vorgeschoben wurde. Von der Transportbewegung von etwa 90 Zügen spricht *Hoßbach* S. 97. Zur Beteiligung der Landespolizei siehe *Castellan* S. 377.

[43] Vgl. *B. v. Lossberg*, Im Wehrmachtsführungsstab, Bericht eines Generalstabsoffiziers, 1949, S. 11.

Doch zurück nach Berlin! Daß seit der Festlegung des Termins in den eingeweihten Kreisen, Hitler eingeschlossen, eine nicht geringe Aufregung bestand, wird uns von den verschiedensten Seiten bezeugt [44]. Schon bei jenem Empfang des französischen Botschafters am 2. März fielen diesem die ungewöhnliche Nervosität, Unruhe und Ungeduld Hitlers auf [45]. Am 5. und 6. März stellten dann die in Berlin sich aufhaltenden fremden Beobachter durchweg eine Erregung bei ihren deutschen Gesprächspartnern fest, die auf ein unmittelbar bevorstehendes bedeutendes Ereignis hinwies. Den 6. März bezeichnet der amerikanische Journalist Shirer in seinem Tagebuch als einen Tag der wildesten Gerüchte, während der Botschafter Dodd von häufigen Beratungen des Diktators mit seinen Getreuen und einer allgemeinen beträchtlichen Aufregung berichtet [46]. Sie wuchs, als bekannt wurde, daß der Reichstag für den Mittag des nächsten Tages einberufen und die Botschafter Englands, Frankreichs, Italiens und Belgiens, also der am Locarnovertrag beteiligten Mächte, für den Vormittag in das Auswärtige Amt geladen seien. Noch scheint erstaunlicherweise der Pressechef in der Wilhelmstraße, Dr. Aschmann, auf eine Anfrage Shirers die Absicht eines Einmarsches in die entmilitarisierte Zone mit der Bemerkung dementiert zu haben, daß dies doch den Krieg bedeuten würde. Der folgende Tag, der 7. März, zerstörte indessen alle Illusionen über die deutschen Absichten. Das Memorandum, das Neurath um 10 Uhr den Botschaftern übergab, teilte unter Berufung auf die Verletzung von Locarno durch den französisch-russischen Pakt den im Gang befindlichen Einmarsch mit und entwickelte zugleich das Programm für eine neue Verständigung: Bildung einer entmilitarisierten Zone auf beiden Seiten, Nichtangriffspakt mit Frankreich, Belgien und eventuell auch Holland, Luftpakt und endlich Rückkehr Deutschlands in den Völkerbund, da Deutschland nach Erreichung seiner Gleichberechtigung und Wiederherstellung seiner vollen Souveränität über das gesamte Reichsgebiet den Hauptgrund für seinen seinerzeitigen Austritt als behoben betrachte [47]. Um 12 Uhr folgte in der Krolloper die Rede Hitlers, die eine wortreiche Rechtfertigung der Aktion mit Beteuerungen der deutschen Entschlossenheit zur Wahrung des Friedens verband und mit der Verkündigung der Auflösung des Reichstags und der Festsetzung der Neuwahlen auf den 29. März

[44] *Dodd* S. 320, 323; *Shirer* S. 39/40.

[45] *François-Poncet* S. 250: « Il a le teint plus animé, les yeux plus brillants que d'habitude; il est nerveux, agité, troublé; il a l'air fort impatient et fort mécontent ».

[46] Nach *Toynbee*, Survey, S. 258, hat am 6. März eine Beratung Hitlers mit führenden Regierungsmitgliedern und Spitzen der Wehrmacht stattgefunden.

[47] Weltgeschichte in Dokumenten III, S. 332–336; *Rühle* S. 123–127.

endete[48]. Natürlich zeigte die den Reichstag bildende Gefolgschaft die vorgeschriebene Begeisterung. Aber war man wirklich so entschlossen und selbstsicher, wie man sich den Anschein gab? Daß man in den rheinischen Landen selbst die einrückenden Soldaten herzlich begrüßte, ist selbstverständlich, aber nach den Augenzeugenberichten von Beobachtern machte sich in der Bevölkerung doch eine tiefe Beunruhigung geltend; von Bonn wurde mitgeteilt, daß der zu den Aufnahmen für die Wochenschau eingesetzte Kinooperateur beim Einmarsch die Menge erst auffordern mußte, doch Hurra zu rufen[49]. Und in Berlin sah Shirer manche Gesichter umwölkt, das Blombergs weiß wie ein Hemd. Dagegen schien die Stimmung am nächsten Tag, dem 8. März, schon zuversichtlicher, als die Prominenz des Dritten Reichs sich erneut zu der für diesen Sonntag schon seit längerer Zeit anberaumten alljährlichen Heldengedenkfeier in der Staatsoper versammelte, bei der Blomberg in seiner Gedächtnisrede die Versicherung gab, daß man zwar keinen Offensivkrieg wünsche, einen Defensivkrieg aber nicht fürchte[50].

Was ist in jenen Tagen hinter den Kulissen in Berlin vor sich gegangen? In den Memoiren von Hans Bernd Gisevius ist die Behauptung aufgestellt worden, daß Hitler kurz nach der Proklamation des Einmarsches einen Nervenzusammenbruch gehabt und in einem Weinkrampf drauf und dran

[48] Weltgeschichte in Dokumenten III, S. 337–358; *Rühle* S. 101–123.

[49] *Rapport* II, S. 481/82, 488–491. *Shirer* S. 44: "Our Cologne correspondent phoned several times to give a description of the occupation. According to him, the German troops have given delirious receptions everywhere, the women strewing their line of march with flowers". Dagegen berichtet Dobler, daß die Bevölkerung außerordentlich beunruhigt gewesen sei und auch die Truppen keinen Enthusiasmus gezeigt hätten. Vgl. über den Einmarsch auch *Benoist-Méchin* II, S. 643–645.

[50] Rede Blombergs *Rühle* S. 127–133. Vgl. *Shirer* S. 45: "Hitler has got away with it! France is not marching. Instead it is appealing to the League! No wonder the faces of Hitler and Göring and Blomberg and Fritsch were all smiles this noon as they sat in the royal box at the State Opera and for the second time in two years celebrated in a most military fashion Heroes Memorial Day." Ebenda S. 46/47 zu Blombergs Rede, die er als "a curious mixture of bluff, defiance, and glorification of militarism" bezeichnete. Zu der Behauptung, daß man keinen Defensivkrieg fürchte, bemerkt Shirer, daß man das am vorhergehenden Tage entschieden getan habe; "Blomberg", so fährt er fort, "obviously on Hitler's orders, went out of his way in a most unsoldierly way to silence rumours that the Reichswehr generals opposed the Rhineland occupation and have little sympathy for Nazism. I could almost see Fritsch wince when his chief denounced the whispers in the outside world about relations between the Nazi Party and the army'." Siehe auch die Mitteilungen von Philippe Barrès, der dem Staatsakt in der Oper beiwohnte, bei *J. Paul-Boncour,* Entre deux Guerres, Souvenirs sur la IIIe République, III, Sur les Chemins de la défaite 1935–1940, 1946, S. 28/29.

gewesen sei, die bereits marschierenden Truppen zurückzurufen[51]. Nach Gisevius, aber auch nach Angaben anderer Zeitgenossen soll vor allem Blomberg auf beunruhigende Meldungen über die Haltung der Westmächte den sofortigen Abbruch des Unternehmens angeraten haben und Hitler nur durch Neurath zur Ablehnung dieses Vorschlags bestimmt worden sein, der mit seiner dickfelligen schwäbischen Ruhe erklärt habe: „Jetzt sind mer drinne und bleibet drinne“[52]. Sicher ist an diesen Mitteilungen etwas Richtiges. Das ergibt sich auch aus dem Wortlaut eines Schreibens des Generalstabschefs General Beck an den Militärattaché in London Geyr von Schweppenburg, dem man auf Grund eines warnenden Telegramms – wir werden gleich noch davon zu sprechen haben – rügend die Mahnung zukommen ließ, auch in schwierigen politischen Lagen die Nerven zu behalten: „Meine persönliche Ansicht“, so kommentierte Beck den entsprechenden Erlaß Blombergs, „ist die, daß nicht Sie Ihre Nerven verloren haben, sondern ganz andere Leute“[53]. Es ist freilich fraglich, ob sich diese Bemerkung auch auf Hitler persönlich bezog. Gewiß dürfte sein, daß er bei diesem ersten nach außen gerichteten Schlag noch nicht so unbekümmert und selbstsicher war, wie bei den Gewaltakten seit 1938. Selbst hat er später verschiedentlich erzählt, daß die 48 Stunden nach dem Einmarsch in das Rheinland die aufregendste Zeitspanne in seinem Leben gewesen seien[54]. Aus den bisher bekanntgewordenen Quellen können wir schließen, daß es zum mindesten zweimal in Berlin zu Krisen gekommen ist, die in ernsthaften Erörterungen über Gegenbefehle an die an und über den Rhein angesetzten Bataillone gipfelten. Die erste Krise ergab sich bereits am 5. März, also zwei Tage vor der Aktion. An diesem Donnerstag wurde Hoßbach plötzlich in die Reichskanzlei berufen, wo er Hitler in erregtem Gespräch mit Ribbentrop traf. Nach Hinweis auf Nachrichten, die auf mutmaßliche Schritte der Westmächte schließen ließen, fragte Hitler den Oberst, ob die Ausführung der militärischen Bewegung noch angehalten werden könne bzw. bis zu wel-

[51] *H. B. Gisevius,* Bis zum bitteren Ende, I, 1947, S. 302.

[52] Vgl. *Kordt,* Nicht aus den Akten, S. 134; *Geyr v. Schweppenburg,* S. 88. Den bei *Hesse* S. 64 wiedergegebenen angeblichen Bericht des jungen Haushofer: „Ich habe nie eine derartige hysterische Angst und derartige Szenen für möglich gehalten, wie ich sie erlebt habe. Wenn nicht Neurath Hitler immer wieder beruhigt hätte, Hitler wäre längst aus dem Rheinland wieder heraus und hätte Rheinland Rheinland sein lassen“, wird man bei der Unzuverlässigkeit Hesses nicht ohne weiteres als glaubwürdig bezeichnen können.

[53] *Geyr v. Schweppenburg* S. 88.

[54] *P. Schmidt,* Statist auf diplomatischer Bühne 1923–45, Erlebnisse des Chefdolmetschers im Auswärtigen Amt mit den Staatsmännern Europas, 1949, S. 320. Vgl. auch *Lossberg* S. 11; *Dietrich* S. 45.

chem Zeitpunkt er sich spätestens entscheiden müsse, um sie noch anzuhalten. Hoßbach bejahte die erste Frage, während er die Beantwortung der zweiten von Rückfragen bei der Heeresleitung abhängig machte[55]. Der Vorgang erinnert an den Nachmittag des 25. August 1939, an dem Hitler auf Grund von ungünstigen Nachrichten aus Rom und London den bereits erteilten Befehl zum Einmarsch in Polen noch einmal rückgängig machte[56]. An jenem 5. März 1936 hat er sich jedoch anscheinend rasch wieder beruhigt und an den getroffenen Dispositionen nichts geändert. Eine zweite Krise ist dann nach erfolgtem Einrücken festzustellen, und zwar ist sie wohl durch Meldungen über scharfe Reaktion in Paris auf das deutsche Vorgehen und über militärische Vorbereitungen von französischer Seite ausgelöst worden. Hier muß es nun vor allem Blomberg gewesen sein, der dringend riet, für den Fall eines Ultimatums die sofortige Zurückziehung der auf das linke Rheinufer nach Aachen, Trier und Saarbrücken vorgeschobenen Bataillone anzubieten. Es hat auch den Anschein, daß deren Kommandeure angewiesen waren, bei einer französischen Gegenaktion jeden Kampf zu vermeiden und den Rückmarsch anzutreten[57]. Blomberg ist dann offenbar noch einmal in Aufregung versetzt worden durch ein Telegramm der drei Wehrmachtsattachés in London, Geyr von Schweppenburg, Waßner und Wenninger, das unter Berufung auf Äußerungen englischer Politiker die Lage als sehr ernst und einen Krieg als möglich bezeichnete[58]. Wenn Hitler selbst am 7. und

[55] *Hoßbach* S. 97/98.

[56] Vgl. u. a. *W. Hofer,* Die Entfesselung des zweiten Weltkrieges, Eine Studie über die internationalen Beziehungen im Sommer 1939, 1954, S. 91–104.

[57] Vgl. die Aussage Jodls in Nürnberg *IMT* XV, S. 387: „Es kamen damals sehr ernste Meldungen von unseren Militär-Attachés aus London und Paris, deren Eindruck ich mich auch nicht entziehen konnte, und wir schlugen damals dem Feldmarschall Blomberg vor, doch vielleicht zu erörtern, diese drei Bataillone westrheinisch zurückzuziehen, wenn dafür die Franzosen etwa das Vier- und Fünffache von ihrer Grenze zurückziehen würden ... Der Vorschlag ist dem Führer gemacht worden. Der Führer hat ihn aber abgelehnt. Er hat aber ganz schroff den Vorschlag des Generals Beck abgelehnt, zu erklären, daß wir das westrheinische Gebiet nicht befestigen würden." – Das Bestehen von Geheimbefehlen zum Rückzug bei französischer Gegenaktion behaupten *Meissner* S. 411 und *Lossberg* S. 11.

[58] Über das Telegramm vgl. *Geyr v. Schweppenburg* S. 86–88; *S.-S. Fitz Randolph,* Der Frühstücks-Attaché aus London, 1954, S. 31–35; *Hoßbach* S. 98. Das genaue Datum, an dem dies Telegramm abgesandt wurde, läßt sich vorerst nicht feststellen. Nach Geyr wäre es nach einer dramatischen Parlamentsdebatte, die seines Erinnerns an einem Freitag stattfand, mit Wissen der Botschaft zustandegekommen. Ob damit die Unterhaussitzung von Montag, dem 9. März, in der Eden seine erste Erklärung zu dem Einmarsch abgab, gemeint ist oder ob es sich tatsächlich um einen viel späteren Termin handelt? Eine Sitzung mit Reden von Austen Chamberlain, Lloyd George und Churchill, wie sie *Geyr* schildert, hat nach den Angaben bei *Toynbee,* Survey, S. 315–318, erst am 26. März stattgefunden.

vielleicht auch noch am 8. März in seinen Stimmungen und Erwägungen geschwankt zu haben scheint, so dürfte er indessen zu dem Zeitpunkt der Vorlage jenes Telegramms von dem Erfolg seines Vorgehens schon überzeugt gewesen sein; verächtliche Äußerungen über die schwachen Nerven der Generale und scharfe Bemerkungen über unerhörte Beeinflussungsversuche der Wehrmachtsattachés, denen Blomberg dann auch prompt die schon erwähnte Rüge zukommen ließ, sind uns überliefert[59]. Und in der Tat sah er ja seinen Entschluß und sein schließliches Beharren auf ihm gerechtfertigt, behielt er gegenüber allen Bedenken und Warnungen recht. Denn die befürchtete militärische Gegenaktion blieb aus, man begnügte sich mit Protesten und papiernen Beschlüssen, deren Ausführung in Konferenzen und Verhandlungen versandete. Das war die andere Seite jener Märzereignisse von 1936, und sie ist für die Entwicklung der Dinge nicht weniger bedeutungs- und verhängnisvoll gewesen als Hitlers Wagemut. Schon am Abend des 7. März hat der Amerikaner Shirer es als das wichtigste Moment dieses Tages bezeichnet, daß die französische Armee sich nicht rührte. Ihm war dies, wie er hinzufügte, völlig unverständlich[60].

II

Wie ist dies Verhalten zu erklären? Wir müssen unseren Blick nun von Berlin nach Paris und London wenden und festzustellen versuchen, welche Erwägungen man dort angestellt und welche Beschlüsse man gefaßt hat. Zunächst erhebt sich die Frage, ob man sich von dem deutschen Vorgehen wirklich hat überraschen lassen und von Hitlers Absichten vorher nichts geahnt hat. Man mußte längst etwas ahnen, denn seit dem Frühjahr 1935 waren nach Paris von den verschiedensten Seiten immer wieder Warnungen gelangt, wonach Hitlers nächstes Ziel die Beseitigung des Rheinlandstatuts sei. Das hatte nicht nur der Generalkonsul in Köln Dobler immer wieder behauptet[61], auch der polnische Außenminister Beck hatte nach einem eigenen Besuch bei Hitler zu dem Warschauer Botschafter Frankreichs Noël geäußert, er wisse zwar nicht, was Hitler vorhabe, nehme aber sicher an, daß

Hoßbach berichtet, daß Blomberg einige Tage nach dem Einrücken immer dringender ihm gegenüber seine Besorgnisse geäußert und ihm schließlich in großer Nervosität das Telegramm zur Weitergabe an Hitler überreicht habe, der, von Göring bereits über den Inhalt unterrichtet, es ungelesen in die Tasche steckte.

[59] *Geyr v. Schweppenburg* und *Hoßbach* a. a. O.

[60] *Shirer* S. 45.

[61] Berichte Doblers an den Außenminister vom 30. Mai 1935 und 24. Januar 1936, an den Minister Mandel aus Brüssel vom 23. Februar 1936 in *Rapport* II, S. 474–481.

nun die Reihe an den Locarnoabmachungen und der rheinischen Zone sei[62]. Sowohl Noël als vor allem auch François-Poncet haben schon gegen Ende des Jahres 1935 in Paris die Frage gestellt, was man zu tun gedenke, wenn Hitler zur Tat schreite, und beide haben damit die Mahnung verknüpft, ihm durch offene Erklärungen und Aufnahme von Verhandlungen zuvorzukommen, wobei übrigens François-Poncet bereit gewesen wäre, einige deutsche Garnisonen in der entmilitarisierten Zone gegen feierlichen deutschen Verzicht auf jede Befestigungsanlage zuzugestehen[63]. Statt auf diese Anregungen einzugehen, scheint man sich indessen in Paris der Illusion hingegeben zu haben, daß Hitler es nicht wagen werde, die vereinigten Westmächte zu brüskieren. Die seit dem 24. Januar 1936 im Amt befindliche Regierung Sarraut-Flandin glaubte sich immerhin erneut des Beistandes Englands versichern zu sollen für den Fall, daß Deutschland die inzwischen in Gang gebrachte Ratifizierung des Russenpaktes mit einem Vorgehen gegen die Bestimmungen von Locarno beantworten sollte. Bei Gelegenheit der Beerdigung König Georgs V. von England stellte der Außenminister Flandin entsprechende Fragen an die englischen Staatsmänner, worauf ihm jedoch die ausweichende Antwort zuteil wurde, daß an den Rheinlanden in erster Linie Frankreich interessiert sei und England sich erst entscheiden könne, wenn man wisse, wie Frankreich auf eine deutsche Aktion reagieren werde[64]. In Paris haben im Laufe des Februar darauf Konferenzen im Kriegsministerium stattgefunden, die jedoch keine Klarheit über die bei einem deutschen Vorstoß von Frankreich einzunehmende Haltung brachten. Von militärischer Seite wurde darauf hingewiesen, daß für Gegenmaßnahmen die in der rein defensiv gedachten Maginot-Linie stehenden Truppen nicht ausreichten, dafür vielmehr Einberufungen von Reserven nötig seien. Der Ministerrat aber fand den merkwürdigen Ausweg, in Mitteilungen sowohl an die eigenen Botschafter als auch an die englische Regierung zu erklären, daß man eine Verletzung des Locarnovertrages nicht dulden und –

[62] *Noël* S. 125/26. Über die Unterredung Becks mit Hitler am 3. Juli 1935 vgl. *Comte J. Szembek*, Journal 1933–1939, 1952, S. 104–106. Daß man in Frankreich selbst schon im Frühjahr 1935 mit entsprechenden Absichten Hitlers rechnete, zeigt auch die Absprache Flandins mit Mussolini in Stresa, wonach Frankreich bei Gefahr eines Anschlusses Österreichs an Deutschland Italien 1 bis 2 Divisionen zur Verfügung stellen, dagegen Italien für den Fall eines deutschen Einmarschs in die Rheinlande sofort mehrere Luftgeschwader an die französische Ostgrenze schicken sollte. Vgl. *Flandin* S. 172; *Lagardelle* S. 118.

[63] *François-Poncet* S. 248/49. Siehe auch Général *Gamelin*, Servir, II, Le Prologue du Drame (1930 – Août 1939), 1946, S. 176/77.

[64] *Toynbee*, Survey, S. 254/55; *Flandin* S. 194/95.

den Völkerbund anrufen werde[65]; im Grunde war damit schon der Gedanke sofortiger eigener Aktion aufgegeben. Entscheidend für diese ganze unzulängliche Einstellung auf das, was kommen konnte, war eben jene Illusion, daß Hitler sich einer juristisch-moralischen Verurteilung und einer daraus erwachsenden Kollektivaktion der anderen Mächte nicht aussetzen werde.

Die Illusion zerstob am Morgen des 7. März. Wir registrieren in Kürze den chronologischen Ablauf der Ereignisse in Paris an diesem und den folgenden Tagen[66]. Am 7. März vormittags erste Konferenz von Ministern und Wehrmachtsspitzen im Innenministerium, wobei die Minister Sarraut, Flandin, Paul-Boncour und Mandel für sofortiges Handeln unter gleichzeitiger Anrufung des Völkerbundes eintraten, andere Mitglieder der Regierung aber vorherige Verhandlung mit England forderten und der Generalstabschef Gamelin für eine eigene Aktion Einberufungen verlangte und sich hinsichtlich eines Erfolges nicht allzu optimistisch äußerte; man werde zu Beginn wohl das Übergewicht haben, es aber bei längerer Dauer eines Krieges zahlenmäßig und auf dem Gebiete der industriellen Kapazität verlieren. Es wurde kein Beschluß gefaßt, doch läßt Paul-Boncours Äußerung zu Gamelin beim Abschied, er hoffe ihn bald in Mainz zu sehen, erkennen, daß man eine rasche und feste Reaktion noch für möglich hielt. Um 18 Uhr neue Beratung im Außenministerium am Quai d'Orsay mit Ausführungen des Kriegsministers General Maurin und der Vertreter von Marine und Luftwaffe über die Notwendigkeit von Mobilmachungsmaßnahmen vor militärischem Handeln; Ergebnis war der Beschluß sofortigen Appells an den Völkerbund und der vollen Besetzung der Maginotlinie. Am 8. März vormittags Ministerconseil ohne die Militärs; wenn hier zwar die Unannehmbarkeit jenes von Deutschland gleichzeitig mit der Ankündigung des Einmarsches veröffentlichten Siebenpunkteprogramms für eine neue Verständigung festgestellt wurde, so wurde zugleich indessen die Abneigung der für die drei Wehrmachtteile zuständigen Minister Maurin, Piétri und Déat gegen selbständiges Vorgehen Frankreichs völlig deutlich, worauf der Außenminister Flandin mit der Äußerung „Also ich sehe, daß nichts zu

[65] Ebenda, S. 195–197; *Rapport* I, S. 136–146, III. S. 573/74; *J. Beck*, Dernier Rapport, Politique Polonaise 1926–1939, 1951, S. 112; *Noël* S. 126–129.

[66] Grundlage für die Vorgänge in Paris bilden die Aussagen Flandins, Sarrauts, Paul-Boncours und Maurins vor dem Untersuchungsausschuß der Nationalversammlung, *Rapport* I, S. 148–158, II, S. 388–390, III, S. 573–624, 643–655, 798–801, IV, S. 906–910, V, S. 1262–1268; dazu die betreffenden Abschnitte in den Veröffentlichungen von *Flandin, Paul-Boncour, Reynaud, Gamelin.* Siehe auch *Toynbee*, Survey, S. 266–271.

machen ist" der eigenen Resignation Ausdruck gab[67]. Am Abend dieses Sonntags Rundfunkrede des Ministerpräsidenten Sarraut in verhältnismäßig scharfer Tonart: „Man hat uns vor die vollzogene Tatsache in ihrer brutalsten Form gestellt. Es gibt keine internationalen Beziehungen mehr, wenn diese Methode allgemein wird. Wir sind nicht bereit, zuzulassen, daß Straßburg unter dem Feuer der deutschen Geschütze liegt" [68]. Weit wichtiger aber als diese Drohung war, daß auch der zweite Tag keinen Befehl an die Armee zum Vorgehen gebracht, die französische Regierung sich vielmehr darauf eingestellt hatte, nur auf Grund einer Entscheidung des Völkerbundes und der Zustimmung der übrigen Signatarmächte von Locarno zu handeln. Noch hat nach einer Sitzung der Kammer am 10. März mit erneuter Erklärung Sarrauts, daß Frankreich nicht unter der Herrschaft der Gewalt und der Verleugnung frei ausgetauschter Unterschriften verhandeln könne, Flandin den Kriegsminister aufgefordert, die Möglichkeit einer Besetzung deutschen Gebiets, etwa der Städte Saarbrücken und Kehl, gleichsam zur Pfandnahme, zu prüfen. Am Abend dieses Tages traf man sich im Hause Sarrauts; bedenkliche Äußerungen der Wehrmachtminister und der militärischen Experten ließen die Befürworter energischer Aktion erneut resignieren, und die am 11. März von dem Kriegsminister präsentierte Denkschrift, die sich mit Plänen einer Besetzung des linken Saarufers bis Merzig oder einer nach Übereinkommen mit Luxemburg und Belgien vorzunehmenden Aufstellung entlang der Mosel, Sauer und Our beschäftigte, hatte im Grunde nur akademische Bedeutung. Bezeichnenderweise war an die Spitze der Satz gestellt worden, daß jede Operation sich nur im Rahmen einer Völkerbundsaktion abspielen könne[69].

Wir brauchen uns hier mit der Frage der persönlichen Verantwortlichkeit für die französische Passivität in jenen Märztagen, die nach dem Krieg in Untersuchungen und Memoiren der Beteiligten den Gegenstand heftiger Auseinandersetzungen gebildet hat, nicht zu befassen. Wenn die Vorwürfe gegen die Soldaten, daß sie sich für diesen Fall nicht vorgesehen und keinen Plan besessen hätten und in ihnen eine rein defensive Einstellung jeden

[67] Flandins Haltung ist umstritten. *Namier*, der an seinen Memoiren scharfe Kritik übt (S. 9–33), zweifelt an seiner angeblichen Entschlossenheit zum Handeln: "his subsequent objurgations and imprecations seem to have been better calculated to establish his alibi for the future than to produce effective action" (S. 23). Siehe auch den Beitrag von *E. R. Cameron* über den Generalsekretär am Quai d'Orsay Alexis Saint-Léger Léger in *Craig–Gilbert,* The Diplomats, S. 388–390: "Léger believes that Flandin followed the 'politique de complaisance' from the start".

[68] Weltgeschichte in Dokumenten III, S. 362.

[69] *Gamelin* II, S. 208–211.

Willen zur Initiative und Improvisation erstickte, sicher nicht unberechtigt waren, so ist andererseits unzweifelhaft, daß auf die Politiker die Rücksicht auf die bevorstehenden Neuwahlen und auf die öffentliche Meinung wirkte, die man nicht durch Mobilmachungsmaßnahmen oder gar die Aussicht auf einen Krieg beunruhigen wollte[70]. Zudem hatte man sich in Frankreich seit dem Ausgang des ersten Weltkrieges daran gewöhnt, die Sicherung der eigenen Macht in Bündnissystemen und Kollektivorganisationen zu sehen und damit auch das eigene Handeln von deren Funktionieren abhängig zu machen. Gerade in diesen Föderationen aber entsprachen der offensichtlichen Erschlaffung Frankreichs selbst eine bedenkliche Auflockerung des Gesamtsystems und die Unzuverlässigkeit oder Unwilligkeit der einzelnen Glieder, wenn es sich darum handelte, eigene Kräfte auf einem Wege einzusetzen, auf dem man möglicherweise in gefährliche Verwicklungen geraten konnte.

Wenn wir in diesem Zusammenhang unseren Blick zunächst auf den Osten Europas werfen, in dem Frankreich auf Grund von mannigfachen Verträgen eine wohl noch umfassendere „Barrière de l'Est" aufgebaut zu haben glaubte, als sie einst das bourbonische Königtum in den ersten Jahrhunderten der Neuzeit besessen hatte, konnte man in Paris ja wohl mit moralischer und vielleicht auch materieller Unterstützung der Tschechoslowakei und dann auch der Sowjetunion rechnen, mit der man eben jenen nun zur Ratifikation gebrachten Pakt geschlossen hatte. Dagegen aber war die Haltung gerade derjenigen Macht, auf die es bei einer Aktion gegen Deutschland vor allem ankam, unsicher geworden. Polen war an dem Locarnovertrag nicht beteiligt gewesen, ja es sah in ihm eine schwere Beeinträchtigung seiner Interessen, da er nur im Westen, nicht im Osten die in Versailles aufgerichteten Grenzen garantierte. Sollte man sich nun ausgerechnet für dessen Aufrechterhaltung engagieren? Zudem aber hatte noch der im Mai 1935 verstorbene Marschall Pilsudski durch das Nichtangriffsabkommen vom Januar 1934 eine Ära freundschaftlicher Verständigung mit Deutschland eingeleitet, die es Polen ermöglichen sollte, seine volle Unabhängigkeit und Handlungsfreiheit zwischen den beiden großen Nachbarn, dem Reich und der Sowjetunion, und in der internationalen Politik zu bewahren. Im Grunde

[70] Siehe auch die bei *Szembek* S. 158 wiedergegebenen Eindrücke des polnischen Generals Sosnkowski über die Lage in Paris nach der Bildung der Regierung Sarraut: « Sosnkowski a eu l'impression que tout le monde en France était absorbé aujourd'hui par l'évolution de la situation intérieure. Tout est envisagé du point de vue des partis et en fonction du résultat des futures élections. » Vgl. *Dhers* S. 20.

stand man in Warschau den Russen nicht weniger mißtrauisch gegenüber als den Deutschen und so begegnete man dem Abschluß des Paktes des französischen Bundesgenossen mit der Sowjetunion nicht ohne Bedenken; Anfang Juli 1935 hat der nunmehr die polnische Außenpolitik dirigierende Oberst Beck in vertrautem Kreise geäußert, daß, falls sich in Paris die von Moskau abhängige Volksfront durchsetzen und es zu einer noch engeren französisch-russischen Annäherung kommen sollte, Polen sich auf eine Verstärkung der freundschaftlichen Beziehungen zu Deutschland einstellen müsse[71]. Nun hat freilich Beck am Nachmittag des 7. März 1936 dem französischen Botschafter Noël die Versicherung gegeben, daß Polen im Ernstfall seinen Verpflichtungen gegenüber Frankreich treubleiben werde, aber das Mißtrauen gegen die Aufrichtigkeit des den Franzosen offensichtlich wenig geneigten Ministers, dem Noël schon in den folgenden Tagen Ausdruck gab, war wohl berechtigt. Aus den Niederschriften des Unterstaatssekretärs Graf Szembek können wir entnehmen, daß in Diskussionen über die Haltung Polens bei einer deutschen Aktion gegen den Locarnovertrag, die schon seit einem Besuch Görings in Polen in der zweiten Hälfte des Februar in Gang gekommen waren, das Vorliegen eines casus foederis gegenüber Frankreich bestritten wurde und daß jene Zusicherung Becks nach Bekanntwerden des deutschen Vorgehens in der sicheren Erwartung gemacht wurde, daß Frankreich die polnische Hilfe gar nicht in Anspruch nehmen werde, weil es des Westens, insbesondere Englands, nicht sicher sei, ohne dessen Unterstützung die zudem für schwach und unentschlossen gehaltene französische Regierung gewiß nichts riskieren werde[72].

[71] *Szembek* S. 103. Siehe ebenda S. 164 Äußerungen des polnischen Botschafters in Paris Lukasiewicz über die gefährlichen Tendenzen der sowjetischen Politik, die es für Polen zur absoluten Notwendigkeit machten, die Politik der Entspannung mit Deutschland fortzusetzen. – Im Hinblick auf die mögliche Einwirkung, die der russisch-französische Pakt auf eine für Deutschland günstige Haltung sowohl Polens als auch Englands (s. u.) gehabt hat, fühle ich mich den Erwägungen sehr verpflichtet, die im Verlauf der Diskussion über den Vortrag Prof. Dr. *Theodor Schieder* anstellte; es hat freilich, wie *Szembeks* Niederschrift vom 4. Mai 1935, S. 68, zeigt, zunächst in Polen auch Stimmen gegeben, die den Pakt begrüßten, da er die beiden schlimmsten Gefahren für die polnische Politik, nämlich eine deutsch-russische und eine deutsch-französische Entente, unmöglich mache. Vgl. übrigens *Castellan* S. 477/78.

[72] Vgl. *Noël* S. 124–129; *Beck* S. 112–114; *Szembek* S. 158/159, 162/163, 165–168. Die Behauptungen Becks, daß es ihm mit seiner Zusicherung an Noël ernst gemeint gewesen sei, sind zwar von *H. L. Roberts* in seinem Beitrag über die Diplomatie des Oberst Beck in *Craig-Gilbert* S. 596 übernommen worden, sie werden aber durch das Tagebuch Szembeks widerlegt; vgl. *G. Rhode*, Außenminister Josef Beck und Staatssekretär Graf Szembek, Vierteljahrshefte für Zeitgeschichte II, 1954, S. 90–92. Siehe vor allem die Mitteilungen, die Beck noch am 7. März Szembek machte, wobei er zunächst berichtete, daß er Noël

Auf die Haltung der anderen Mächte des Westens, die ja auch durch die Verletzung der Bestimmungen von Locarno weit mehr berührt wurden als der Osten, kam es in der Tat an, und von diesen haben nun die französischen Staatsmänner vom ersten Tage an nicht nur keine Ermutigung zu einem Gegenstoß gefunden, sondern sie wurden entschieden davor gewarnt. Wenn Italien die Politik der Sanktionen in Gegensatz zu England und Frankreich gebracht hatte und es keine Lust zeigte, den hierüber entstandenen Groll zu begraben und damit die sich abzeichnende Möglichkeit, durch Annäherung an das erstarkende Deutschland die eigene Position zu sichern, zu verschütten[73], so gab die Erklärung des belgischen Ministerpräsidenten van Zeeland vom 11. März, daß die Staatsmänner in erster Linie alles tun müßten, um jedes Risiko eines Krieges zu vermeiden, nicht nur die vorherrschende Stimmung in dem durch das deutsche Vorgehen in seinen Rechten und seiner Sicherheit doch ebenso wie Frankreich getroffenen Belgien, sondern vor allem auch in England wieder[74]. Zwar hatte die Nachricht von dem brüsken Vertragsbruch Hitlers in London zunächst nicht geringe Empörung und Aufregung ausgelöst[75], aber in Öffentlichkeit und Presse tröstete man sich rasch damit, daß die einseitigen Entmilitarisierungsbestimmungen von dem deutschen Volke doch auf die Dauer nicht ertragen worden wären und die Verteidigung oder gar Wiedereroberung dieser sowieso unhaltbaren Bastion einen Krieg nicht wert seien[76]. Und das war, mochte sich auch in manchen Kreisen ein die Angehörigen der deutschen Botschaft tief beeindruckender Umschwung in der bisher verständnisvollen Haltung gegenüber

die Bereitschaft erklärt habe, « à engager toute conversation avec le gouvernement français au sujet de la situation créée par l'acte allemand d'aujourd'hui »: « Il considère avoir fait par cette déclaration un geste de grande portée à l'égard de la France... Beck a ensuite émis l'avis que la violation par l'Allemagne de la zone démilitarisée ne constituait pas, pour nous, un casus foederis . . . Il ne pense pas qu'on arrive à la guerre. La France, sans l'appui de l'Angleterre, ne bougera sûrement pas et la Grande-Bretagne n'est suffisamment armée pour risquer un conflit avec l'Allemagne ... Le ministre estime ... qu'on aboutira, en définitive, à jouer la partie à Genève.»

[73] Über die Haltung Mussolinis siehe *Lagardelle* S. 227–230.

[74] *Rapport* III, S. 586.

[75] Vgl. *Fitz Randolph* S. 17/18.

[76] Charakteristik der englischen Stimmung bei *Hoare* S. 185: „‚Mit welchem Recht können wir wegen einer überholten Klausel des Versailler Vertrags Europa in einen Krieg stürzen? Warum sollten die Deutschen nicht volle Souveränitätsrechte in einem der deutschesten Gebiete des Reiches haben?' Das fragten sich von vier Leuten drei. Angesichts dieser fast allgemeinen Stimmung würde die Regierung wenig oder gar keine Unterstützung gefunden haben, wenn sie die widerstrebenden Franzosen zum Krieg gedrängt hätte." Vgl. auch *Duff Cooper* (Viscount Norwich), Das läßt sich nicht vergessen, 1954, S. 244/45.

den Deutschen geltend machen[77], auch die Auffassung der maßgebenden Politiker, des Ministerpräsidenten Baldwin und seines präsumptiven Nachfolgers, des Schatzkanzlers Neville Chamberlain, und, mit gewissen Reserven, auch des Außenministers Eden[78]. Daß ihnen wie den Polen der französisch-russische Pakt wenig sympathisch war, daß sie in dem neuen Deutschland ein nützliches Gegengewicht gegen den gefürchteten Bolschewismus sahen und daß sie auch deshalb eine Verständigung mit dem Reich anstrebten, die gerade bei dieser Gelegenheit auf eine neue, den Frieden im westlichen Europa wirklich sichernde Basis gestellt werden konnte, ist durchaus möglich[79]. So gingen schon am 7. und 8. März beschwörende Mahnungen nach Paris, nicht überstürzt zu Handlungen zu schreiten, zum mindesten vorher mit England zu beraten[80]. Ironisch hat Churchill, der schon damals mit seinen Warnungen vor den Folgen eines Zurückweichens vor dem deutschen Gewaltakt wie ein Prediger in der Wüste erschien, die Haltung der

[77] Vgl. *Geyr v. Schweppenburg* S. 80–86. Nach Geyrs Meinung, die er auch nach Berlin weitergab, lag eine dreijährige Aufbauarbeit in Scherben.

[78] Zur Haltung Chamberlains vgl. *K. Feiling,* The Life of Neville Chamberlain, 1947, S. 279. Für den Willen zur Erhaltung des Friedens und zur Verständigung mit Hitler in den englischen Regierungskreisen siehe auch *Th. Jones,* A Diary with Letters 1931–1950, 1954, S. 175–181; interessant darin die Mitteilung, daß der gerade von einer Vortragsreise in Deutschland zurückgekehrte Toynbee von der Aufrichtigkeit von Hitlers Wunsch zur Erhaltung des Friedens in Europa und zu enger Freundschaft mit England überzeugt war. – Ganz unglaubhaft ist die dramatische Erzählung von *Hesse* S. 58–62, wonach der deutsche Botschafter Hoesch auf die Nachricht von der unmittelbar bevorstehenden englischen Generalmobilmachung heimlich König Eduard VIII, den späteren Herzog von Windsor, aufgesucht und dieser darauf Baldwin durch Androhung seines Rücktritts zur Aufgabe aller Kriegsabsichten gebracht und davon Hoesch und den mithörenden Hesse telephonisch benachrichtigt habe. Vgl. *Krausnick* S. 220.

[79] Unmittelbare Zeugnisse für eine Einwirkung des Mißtrauens der englischen Staatsmänner gegenüber Rußland und ihrer Unzufriedenheit mit der Verbindung Paris–Moskau auf ihre Haltung im März 1936 liegen zwar, soweit ich sehe, bisher nicht vor. Einen derartigen Zusammenhang scheint man aber nach dem Journal *Szembeks* S. 99, 122, 164/65, 168, in Polen angenommen zu haben, wo u. a. Potocki der französisch-russischen Annäherung schon eine Rolle bei dem Abschluß des englisch-deutschen Flottenvertrags zuwies und Beck selbst im Oktober 1935 es als unzweifelhaft bezeichnete, « que le rapprochement de la France et des Soviets aura pour résultat le renouvellement du flirt entre Londres et Berlin, si désagréable pour Paris ». – In der Diskussion über den Vortrag hat übrigens Prof. *Peter Rassow* noch darauf hingewiesen, daß die einem Konflikt abgeneigte Stimmung in Frankreich und England auch durch die isolationistische Haltung der Vereinigten Staaten beeinflußt worden sein dürfte.

[80] Über die englischen Schritte durch Sir George Clark in Paris und den französischen Botschafter in London Corbin am 7. März siehe die Aussagen Flandins und Sarrauts *Rapport* I, S. 149, III, S. 583, 587, 590. Man habe, so erklärte Sarraut, dauernd unter dem Eindruck der englischen Mahnungen gestanden: « Attention! Pas de nervosité, ne cassez pas les vitres, ne faites pas l'irréparable! »

beiden Westmächte dahin gekennzeichnet, daß, wenn die Franzosen zögerten, etwas zu unternehmen, ihre britischen Verbündeten nicht zögerten, davon abzuraten[81]. Im Unterhaus erklärte Eden am 9. März, daß der deutsche Schritt die internationale Lage erschwert habe und niemand ihn entschuldigen werde, daß aber erfreulicherweise kein Anlaß vorliege, in ihm eine Bedrohung zu sehen[82].

Was konnte angesichts dieser Stimmungen von den Kollektivberatungen, auf die man auch in Paris nun alles abstellte, erwartet werden? Am 10. März haben sich zunächst in Paris Eden und van Zeeland mit Flandin und Paul-Boncour sowie dem italienischen Botschafter in Frankreich zu einer Konferenz der an Locarno beteiligten Mächte getroffen. Die Franzosen verbanden scharfe Reden gegen die unerhörte Vertragsverletzung mit Forderungen zu ihrer Ahndung, aber der beschwichtigende englische Standpunkt triumphierte; es sollte nichts geschehen vor dem Entschluß des Völkerbundsrats, der – auch das bezeichnend – nicht nach Paris, sondern nach London berufen wurde. Vorher aber wollte man gleichfalls in London nochmals zusammenkommen und sich über den einzuschlagenden Weg einigen[83]. So eilten die Franzosen denn nunmehr in die englische Hauptstadt, und hier hat es Flandin an verwegenen Äußerungen und dringenden Appellen an die Verbündeten wieder nicht fehlen lassen[84], aber schließlich in einem, wie er später behauptete, den französischen Ansichten gegenüber entschieden feindlichen Milieu die These einer militärischen oder auch andersartigen Sanktion fallen gelassen, um dafür einen Ersatz für Locarno durch eine engere politische und militärische Verbindung der Westmächte untereinander zu erhalten. Das Ergebnis zahlreicher Konferenzen, bei denen der Italiener sich mit der Rolle des Beobachters begnügte, während van Zeeland immer wieder neue Vermittlungsprojekte entwarf[85], war endlich nach einer sechsstündigen Nachtsitzung am 19. März eine Vereinbarung, wonach ohne Anerkennung der durch Deutschland eigenmächtig geschaffenen Lage England Verhandlungen mit Berlin einleiten und dabei als Vorbedingung für eine Verständigung die deutsche Verpflichtung fordern sollte, die Kräfte in der rheinischen Zone nicht über 20 Bataillone und 12 Batterien zu erhöhen, kein Kriegsmaterial

[81] *Churchill* I, S. 241.

[82] Weltgeschichte in Dokumenten III, S. 364–367; *Toynbee*, Survey, S. 274–276.

[83] Vgl. *Flandin* S. 202–204; *Rapport* III, S. 592; *Churchill* I, S. 242.

[84] Siehe dazu die Mitteilungen *Churchills* ebenda, S. 243/44, ferner die Angaben *Namiers* S. 10/11 aus *Boothbys* Autobiographie. Zu den Verhandlungen in London vgl. *Paul-Boncour* III, S. 39–43.

[85] *Rapport* I, S. 153–156.

einzuführen und vor allem jede Befestigungsanlage zu unterlassen. In einem Briefaustausch sagte England zugleich Frankreich eine Garantie gegen weitere deutsche Schritte zu[86]. Inzwischen tagte schon seit dem 14. März der Völkerbundsrat. Auch hier gab es Reden mit scharfen Anklagen gegen das Reich, und es konnte nicht zweifelhaft sein, daß das Ergebnis die Feststellung der Verfehlung Deutschlands sein würde[87]. Aber hatte dies noch viel zu bedeuten? Man hatte sofort Deutschland, das ja selbst dem Völkerbund nicht mehr angehörte, aufgefordert, einen Vertreter nach London zu entsenden. Schon war man im Lager Hitlers nun über alle Ängste und Schwankungen hinaus, man ließ zunächst die Frage stellen, ob die volle Gleichberechtigung des deutschen Bevollmächtigten anerkannt und der von Deutschland gleichzeitig mit dem Einmarsch vorgelegte Plan einer Verständigung den Verhandlungen zugrundegelegt würde, und erst als der erste Punkt vom Generalsekretär des Völkerbundes positiv beantwortet worden war und hinsichtlich des zweiten Eden dem deutschen Botschafter Hoesch versichert hatte, daß nach der Überzeugung der englischen Regierung die deutschen Vorschläge zu gegebener Zeit diskutiert werden müßten, hat man sich großzügig dazu verstanden, das Reich durch Ribbentrop vertreten zu lassen[88]. So fand in seiner Gegenwart am 19. März im St. James-Palast die abschließende Sitzung des Völkerbundsrates statt. Natürlich hat Ribbentrop, dem am Vormittag das Wort erteilt wurde, auf der einen Seite unter Hinweis auf den französisch-russischen Pakt jede Verfehlung des Reichs bestritten und auf der anderen die Bedeutung des deutschen Angebots einer 25jährigen Friedensgarantie unterstrichen. Trotzdem gab der den Vorsitz führende Australier Bruce am Nachmittag als Resolution des Rats bekannt, daß Deutschland sich des Vertragsbruchs schuldig gemacht habe, wogegen Ribbentrop kurz protestierte[89]. Bei der Mitteilung des Beschlusses an die übrigen Signatarmächte von Locarno, denen damit gewissermaßen die juristische und moralische Unterstützung des Völkerbunds bei einem Vorgehen gegen das Reich zugesichert wurde, verfehlte Bruce indessen nicht, auf die Notwendigkeit von Verhandlungen hinzuweisen und die bestimmte Erwartung einer Verständigung zum Ausdruck zu bringen. Das entsprach der

[86] Vgl. *Toynbee*, Survey, S. 290–294; *Rapport* I, S. 156/157; *Paul-Boncour* III, S. 44.

[87] *Toynbee*, Survey, S. 294–302; *Flandin* S. 205/06.

[88] Weltgeschichte in Dokumenten III, S. 371–376. Vgl. *Meissner* S. 414; *v. Ribbentrop* S. 79; *Kordt*, Nicht aus den Akten, S. 136/37.

[89] Weltgeschichte in Dokumenten III, S. 385–396; *Toynbee*, Survey, S. 302–307; *Meissner*, S. 414; *v. Ribbentrop* S. 80–85; *Kordt*, Nicht aus den Akten, S. 141/42; *Schmidt* S. 321–324.

allgemeinen Auffassung; niemand erwartete im Grunde mehr, daß den Worten Taten folgen würden.

In der Tat ging alles aus wie das Hornberger Schießen. Jene zwischen England und Frankreich vereinbarten Forderungen der Locarnomächte, die Eden am 20. März Ribbentrop unterbreitete, lehnte Hitler am 24. März ab, da er auf der uneingeschränkten Wehrhoheit im gesamten Reichsgebiet bestehen müsse, zugleich aber kündigte er die Vorlage umfassender Vorschläge eines neuen Pakts für die Zeit nach der von ihm ja am Tage des Einmarsches angeordneten Volksabstimmung und Neuwahl an, die ihm am 29. März mit dem Vertrauensvotum von angeblich 98,8 % des deutschen Volkes eine moralische Waffe in die Hand gab[90]. Am 31. März flog Ribbentrop wieder nach London, wo er am folgenden Tage Eden ein neues aus 19 Punkten bestehendes Programm übergab, das aber eigentlich nur die Vorschläge vom 7. März wiederholte und ergänzte[91]. Was nutzte es, daß Frankreich sich in einer langen Denkschrift über die Notwendigkeit ausließ, dem internationalen Recht wirklich Geltung zu verschaffen, und daß die Restlocarnomächte am 10. April beschlossen, das Reich auf dem Wege über einen umfangreichen Fragebogen zu genauer Angabe seiner weiteren Pläne zu bewegen[92]! Schon hatte sich das allgemeine Interesse anderen Dingen zugewandt. Italien war offensichtlich nicht mehr bereit, mitzumachen, in Frankreich trat nach den Neuwahlen wieder ein Regierungswechsel ein, und so konnte es Hitler wagen, den erst Anfang Mai nach Berlin übersandten Fragebogen überhaupt nicht zu beantworten. So blieben auch die deutschen Angebote ein Stück Papier, und während im Reich die Aufrüstung unter Einbeziehung der Grenzlande im Westen energisch fortgeführt wurde, ist es zwischen England und der in Paris zur Herrschaft gelangten Volksfrontregierung noch nicht einmal zu dem im März vorgesehenen engeren militärischen Zusammenschluß durch Generalstabsbesprechungen usw. gekommen[93]. Im Grunde war all' das, was seit Mitte März geschah, nur ein Nachhutgeplänkel gewesen. Die Entscheidung war in den ersten Tagen gefallen, als man sich nicht entschließen konnte, dem deutschen Einmarsch in die Rheinzone mit eigenen Kräften zu begegnen.

[90] Weltgeschichte in Dokumenten III, S. 414–417.

[91] Ebenda S. 427–437. *Kordt*, Nicht aus den Akten, S. 143; *Schmidt* S. 327.

[92] Weltgeschichte in Dokumenten III, S. 438–453; *Toynbee*, Survey, S. 327–334.

[93] Weltgeschichte in Dokumenten III, S. 452–461; *Toynbee*, Survey, S. 335–350; *Rapport* I, S. 158.

III

Bleiben wir zunächst, wenn wir zum Abschluß darangehen, Verlauf und Ergebnis jener Märzereignisse zusammenfassend zu betrachten und zu würdigen, bei den Westmächten. Es haben, wie wir sahen, sehr ehrenwerte und gewichtige Gründe ihre mangelnde Aktivität bestimmt: vor allem die Abneigung gegen Konflikte, die den Frieden und die eigene Ruhe stören konnten, die Einsicht, daß zwar gewiß nicht für die Methode des deutschen Vorgehens, wohl aber für das Objekt, um das es ging, vom Standpunkt des gerade im Westen vertretenen Selbstbestimmungsrechts der Völker Gründe der Rechtfertigung aufgeführt werden konnten, weiter der Glaube, durch Nachgiebigkeit und Verständigung in diesem Fall den unruhigen Nachbarn befriedigen und gewinnen zu können; wozu dann freilich auch mangelnde Übereinstimmung untereinander, innerpolitische Schwierigkeiten und Besorgnisse aller Art auf politischem, militärischem und wirtschaftlichem Gebiete kamen. Und doch war es ein grundlegender und verhängnisvoller Fehler, gegenüber dem deutlichen Schlag gegen die bestehende Ordnung und die eigene Sicherheit, den Hitlers einseitiger und provozierender Schritt bedeutete, eine Schwäche zu zeigen, die zudem durch die beiderseitigen Machtverhältnisse keineswegs bedingt war. Denn was wäre geschehen, wenn die Franzosen am 7. oder 8. März den Beschluß gefaßt hätten, dem Vertragsbrecher mit militärischer Kraft entgegenzutreten? Daß sie trotz aller Bedenken von Ministern und Generalen, die sich in der Hauptsache ja auf den Umfang und die innerpolitische und wirtschaftliche Auswirkung der zu treffenden Mobilmachungsmaßnahmen bezogen, dazu imstande gewesen wären, wird man kaum bestreiten können [94]. Es läßt sich auch manches für die These anführen, die der Generalsekretär am Quai d'Orsay Alexis Saint-Léger am Nachmittag des 7. März auf die ersten abmahnenden Ratschläge aus London Gamelin gegenüber verfocht, daß nämlich, wenn Frankreich energisch handele, seine Alliierten sich ihm anschließen würden [95]. Jedenfalls hätte sich im Falle eines Krieges wohl keine Macht bereitgefunden, an die Seite des damals noch völlig isolierten Deutschland zu treten. Aber wäre

[94] In der an den Vortrag anschließenden Diskussion sind Erörterungen darüber angestellt worden, ob die zunächst zur Verfügung stehende «Armée de couverture» zu offensiven Handlungen in der Lage gewesen wäre. Meines Erachtens war dies durchaus möglich, zumal bei der Schwäche des Gegners eine Entblößung der Maginot-Linie keinerlei Risiko bedeutete. Unbegreiflich bleibt es, daß der französische Generalstab offenbar bestimmte Pläne für den Fall eines deutschen Verstoßes gegen die Entmilitarisierungsbestimmungen nicht besaß.

[95] *Gamelin* II, S. 202.

es denn überhaupt zu einem Krieg oder auch nur zu einem Kampf gekommen? Vorwurfsvoll hat Flandin selbst während seines Aufenthaltes in London in einem engeren Kreise englischen Freunden entgegengehalten, daß die Deutschen bei einem französischen Vormarsch in das Rheinland sich, ohne einen Schuß abzufeuern, zurückgezogen hätten[96]. Daß die deutsche Wehrmacht damals in der Tat weder zu einer Verteidigung des linken Rheinufers, auf das man ja nur drei Bataillone vorgeschoben hatte, noch auch zu einer erfolgreichen Abwehr rechts des Rheins in der Lage war, dürfte sicher sein. Wir kennen ja bereits die pessimistische Einschätzung der Entwicklung für den Fall eines Zusammenstoßes seitens der deutschen Generale. Aber auch von Hitler selbst und seinen nächsten Beratern sind uns aus späterer Zeit Aussprüche überliefert, in denen der sichere Erfolg einer energischen Gegenaktion zugegeben wird. „Wenn die Franzosen", so hat Hitler einmal geäußert, „damals ins Rheinland eingerückt wären, hätten wir uns mit Schimpf und Schande wieder zurückziehen müssen, denn die militärischen Kräfte, über die wir verfügten, hätten keineswegs auch nur zu einem mäßigen Widerstand ausgereicht"[97]. Und Jodl hat noch vor dem Nürnberger Gericht bekundet, daß in jener Lage allein die französische „Armée de couverture", d. h. die auf Kriegsstärke gebrachten Besatzungstruppen der Maginotlinie, die eigenen Kräfte hinweggeblasen hätte[98]. Damit aber wird man zu dem Ergebnis kommen, daß die Nachbarn des Dritten Reichs damals die Chance hatten, ohne große Opfer die alte Ordnung zu sichern und weiteren Überraschungen vorzubeugen[99]. Wäre damit wohl gar die

[96] *Namier* S. 11, nach *Boothby.*

[97] *Schmidt* S. 320. Auf Hitlers Absichten wie auch auf seine Besorgnisse werfen die Aufzeichnungen des Generals Liebmann über die Ansprache, die er am 3. Februar 1933 vor den hohen Offizieren hielt, Licht. Da war der Aufbau der Wehrmacht als die wichtigste Voraussetzung für die Erreichung des Ziels der Wiedererringung der politischen Macht bezeichnet: „Gefährlichste Zeit ist die des Aufbaus der Wehrmacht. Da wird sich zeigen, ob Frankreich *Staatsmänner* hat; wenn ja, wird es uns Zeit nicht lassen, sondern über uns herfallen (vermutlich mit Osttrabanten)". *Th. Vogelsang,* Neue Dokumente zur Geschichte der Reichswehr 1930–1935. Vierteljahrshefte für Zeitgeschichte II, 1954, S. 435.

[98] *IMT* XV, S. 387. Siehe das Urteil des in der Organisationsabteilung des Generalstabs tätigen und daher besonders sachverständigen *Mueller-Hillebrand,* S. 126: „Der ... Entschluß, die Wehrhoheit über die Rheinlande durch ihre überraschende Besetzung 1936 wieder zu übernehmen ..., trug ein erhebliches Risiko in sich, denn zu diesem Zeitpunkt war die militärische Überlegenheit Frankreichs gegenüber Deutschland noch so eindeutig, daß ein militärisches Eingreifen Frankreichs zu einem Fiasko für Deutschland hätte führen müssen." Zur damaligen Unterlegenheit der deutschen Luftwaffe vgl. *Geyr v. Schweppenburg* S. 80.

[99] Siehe oben Anm. 1–4. Vgl. auch *Hoare* S. 185: „Heute ... bin ich überzeugt, daß wir mit einer Intervention Hitler zurückgewiesen und seinem wachsenden Ansehen einen

Herrschaft Hitlers in Deutschland in eine tödliche Krise geraten? Wenn der in Berlin beobachtende Amerikaner Shirer voll Zorn über die Stupidität oder Paralyse der Franzosen in der Tat behaupten zu können glaubte, daß der Diktator, der alles auf eine Karte gesetzt hatte, eine Demütigung wie die Wiederbesetzung des linken Rheinufers durch französische Truppen nicht überlebt hätte, so war freilich François-Poncet der Ansicht, daß seine Macht im Lande doch schon zu gefestigt war, um nicht auch über einen schweren Mißerfolg hinaus Bestand zu haben[100]. Ein sicheres Urteil ist da kaum möglich, wohl aber lassen sich als unmittelbare und weiterwirkende Folge des Nichteinschreitens der Westmächte für sie selbst ein ganz erheblicher Verlust an Ansehen und eine Lockerung der Bündnisse und Ententen feststellen, auf die sie sich bisher in Europa gestützt hatten. Wie wir sahen, hatten die Franzosen ihre Nachgiebigkeit sich von den Engländern mit einer stärkeren militärischen Verpflichtung bezahlen lassen wollen, die entsprechenden Vereinbarungen blieben jedoch unausgeführt, woraus sich auf beiden Seiten Verstimmungen ergaben; von der in Paris erstrebten innigeren Gemeinschaft mit London konnte also keine Rede sein, vielmehr sah man in der Folgezeit Großbritannien erst recht auf dem Wege des „Appeasement", des Entgegenkommens gegen deutsche Revisionswünsche fortschreiten. In Italien aber neigte Mussolini, tief beeindruckt von dem leichten Erfolge Hitlers und der damit verbundenen Machtstärkung Deutschlands[101], nun erst wirklich einer Verständigung mit dem anderen Diktator zu. Das aber wirkte sich wieder auf seine Schutzbefohlenen im Donauraum aus, wo man sich in Österreich entschloß, die seit dem Dollfußmord überaus gespannten Beziehungen zu Berlin zu normalisieren; der österreichische Außenminister Guido Schmidt hat später den Einmarsch in die Rheinlande geradezu als die Geburtsstunde des Abkommens mit dem Reich vom Juli 1936 bezeichnet[102]. Vor allem aber hatte bei den Bündnispartnern Frankreichs im Osten das Vertrauen auf die französische Stärke und Hilfe einen schweren Schlag erhalten. Nach Flandins eigenen Äußerungen zu seinen englischen

vernichtenden Schlag zugefügt hätten. Damals vergewisserte er sich, daß der Weg für ihn frei war und die Alliierten seinen Vormarsch nicht aufhalten würden. Danach gab es dann nur noch eine Reihe von Nachhutgefechten, bis ein die Welt verheerender Krieg ihm Einhalt gebieten mußte."

[100] *Shirer* S. 45; *François-Poncet* S. 256. Siehe auch *A. François-Poncet,* De Versailles à Potsdam, 1948, S. 229; ferner *Duff Cooper* S. 244: „Hitler hätte kapitulieren müssen, und der Grundstein für das große Prestige, das er bei seinen Landsleuten genoß, wäre nicht gelegt worden."

[101] Vgl. *Lagardelle* S. 229/30.

[102] *Eichstädt* S. 101/02, 464.

Freunden war die Allianz mit der kleinen Entente nun so gut wie wertlos geworden, da man in der Tschechoslowakei, Jugoslawien, Rumänien ebenso wie in Polen im Falle einer deutschen Expansion mit wirksamer französischer Unterstützung nicht mehr rechnen zu können glaubte [103]. Daß solche Gedankengänge in der Tat wenigstens in Polen sich geltend machten und die Tendenz auf freundliche Haltung gegenüber Hitler verstärkten, lassen die Aufzeichnungen des Unterstaatssekretärs Szembek und des französischen Botschafters Noël deutlich erkennen [104].

So bedeutete also für Deutschland das Gelingen der Aktion einen über das unmittelbare Ziel weit hinausgehenden Gewinn an Ansehen und Macht. Zugleich aber hat der unerhörte Erfolg Hitlers für ihn die Voraussetzung geschaffen für die Wendung von der Politik des Kampfes gegen Versailles zu einer rücksichtslosen Macht- und Eroberungspolitik. Auch in Deutschland selbst hat man eine solche Wendung kaum geahnt oder gar gewünscht. In seiner Mehrheit hat das deutsche Volk in dem Vorgang die Erfüllung einer berechtigten Forderung, den glücklichen Abschluß eines friedlichen Feldzugs zur Beseitigung der Fesseln von Versailles, zur Wiederherstellung von Ehre und Unabhängigkeit des Reichs gesehen, und gewiß nicht Vorbedingung und Auftakt zu einer Expansion [105]. Immerhin mußte das kaum erhoffte Ergebnis die Massen noch stärker an den Führer binden, von dessen Genialität sie nunmehr überzeugt waren. Welche Befriedigung, ja Begeisterung auch manche Kreise erfüllte, die dem nationalsozialistischen Regime skeptisch gegenüberstanden, lassen uns die Aufzeichnungen der Amerikaner Dodd und Shirer erkennen [106]. Worum ist es nun aber Hitler selbst gegangen

[103] *Namier,* S. 11. Siehe das Urteil von *Bullock* S. 345: „Hitler ungestraft handeln zu lassen, war gleichbedeutend mit dem Eingeständnis, daß Frankreich nicht mehr in der Lage war, sein seit 1918 nach und nach sorgfältig aufgebautes Sicherungssystem zu verteidigen. Dies stellte eine politische Tatsache dar, die hauptsächlich in Mittel- und Osteuropa Folgen nach sich ziehen mußte."

[104] *Szembek* S. 168, 172/73; *Noël* S. 133–135. Vgl. *Roberts* in *Craig–Gilbert* S. 596/97.

[105] Daß jedoch tieferblickende Beobachter die Gefahren der hier angewandten Methoden erkannten, zeigt eine Äußerung des Botschafters in London, Hoesch, zu einem seiner Attachés: „Wie die Sache auch ausgeht, es ist dies der erste Schritt zum zweiten Weltkrieg. Das Rheinland? Natürlich sollte es deutsch sein, was denn sonst? Nur sind diese ewigen Wochenendkrisen und die dabei angewendeten Methoden mehr als eine theoretische Gefahr." *Fitz Randolph* S. 22. Vgl. auch das bei *Kordt,* Nicht aus den Akten, S. 132, wiedergegebene Gespräch mit Canaris.

[106] *Dodd* S. 327 über eine Unterhaltung mit dem früheren deutschen Diplomaten Dufour-Feronce: "He revealed the enthusiasm almost of a Nazi Party chief, though he is supposed to be in opposition to the Hitler regime. He was enthusiastic about what he calls German honour and the right to violate a treaty in order to militarize the area demilitarized in 1919. He represents, as I believe, 90 per cent of Germany although it is

und welche Folgerungen hat er aus den Erlebnissen und Erfahrungen jener Märztage gezogen? Der Franzose Saint-Léger, der schon damals von den Beratungen in London mit der Überzeugung zurückgekehrt sein will, daß gerade durch die Verhinderung eines Konflikts der Krieg unvermeidlich geworden sei, hat später einmal geäußert, daß weniger dem Zurückweichen der Westmächte in der Münchener Konferenz von 1938 als vielmehr dieser ersten Nachgiebigkeit von 1936 die Verantwortung dafür zuzuschreiben sei, daß Hitler alle Dämme überflutete und die Welt in die Katasprophe stieß [107]. Er mag dabei einmal an das gedacht haben, was Hitler mit der Besetzung der Rheinlande tatsächlich erreichte. War es ihm wirklich nur, wie man nicht nur in Deutschland, sondern vor allem auch in weiten Kreisen Englands geglaubt hatte, um die Wiederherstellung eines nationalen Rechts gegangen, oder hat er schon erwogen, daß die Inbesitznahme und die daran anschließende Befestigung der Grenzlande im Westen erst die Möglichkeit schufen, um Ausdehnungspläne im Osten durchzuführen? Daß schon in jener Zeit kluge Beobachter diese Absicht vermuteten, zeigt der Bericht Dodds über Äußerungen, die ihm gegenüber am 9. März der holländische Vertreter in Berlin Graf Limburg-Styrum machte: Hitlers Politik ziele auf Annexionen in den Zonen vom Baltikum bis zum Balkan; wenn das Rheinland in seinem Sinne neutralisiert sei, könne Frankreich nicht mehr eingreifen, falls Deutschland gegen die Tschechoslowakei, Österreich, Litauen oder Estland vorgehe [108]. Nun besitzen wir zwar bisher keine direkten Beweise dafür, daß Hitler bereits die Rheinlandaktion im Rahmen derartiger Pläne sah; offen hat er sich über den Willen zu rücksichtsloser Ausdehnung von Territorium und Macht gegen Osten erst anderthalb Jahre später in der Ansprache an seine außenpolitischen und militärischen Berater vom 5. November ausgesprochen, deren Inhalt uns durch das sogenannte Hoßbach-Protokoll bekannt ist. Immerhin hat ein ihm so nahestehender Mann wie der General Jodl es bei seiner Vernehmung in Nürnberg als „natürlich möglich" bezeichnet, „daß im Gehirn des Führers mit der Rheinlandbesetzung bereits

the general supposition that no more than 40 per cent of the population is actually Nazi in faith. This shows how clever Hitler was in planning his stroke of March 7." Über die Wirkung des Erfolgs in der bisher entmilitarisierten Zone siehe *Shirer* S. 47/48: "Certainly these Rhinlanders don't want another war with France, but this reoccupation by German troops has inculcated them with the Nazi bug. They're as hysterical as the rest of the Germans."

[107] *Cameron* in *Craig–Gilbert* S. 390. Siehe auch *Beck* S. 115: « Je suis convaincu que l'impunité de cette action conduisit Hitler sur la voie qui devait être fatale à l'ordre européen et aboutir aux événements de 1939. »

[108] *Dodd* S. 327.

der Gedanke verbunden war, das sei eine Voraussetzung, damit er später aktiv im Osten handeln könne"[109]. Etwas anderes aber ist als Wirkung des so großartig geglückten Coups festzustellen, nämlich die Verstärkung einer Hybris in diesem Menschen, die in ihm alle Bedenken vor der Verfolgung einer brutalen Politik des Auftrumpfens zwecks Errichtung der eigenen Macht über die Grenzen Deutschlands hinaus ausschaltete. Und das ist es vor allem, was den März 1936 zu einer wichtigen Etappe in der Vorgeschichte des zweiten Weltkrieges macht. Für Hitler hatten jene Tage den Beweis für die Schwäche der Westmächte erbracht, sie gaben ihm die Überzeugung, daß sie, wenn er nur energisch vorging, außer bei einem Angriff auf ihr eigenes Gebiet nicht ihm in den Arm fallen würden. Zugleich sah er sich selbst gegenüber den Männern seiner eigenen Umgebung bestätigt; sie, die ihm abgeraten hatten oder gar einen Einspruch gewagt hatten, betrachtete er seitdem mit Verachtung und Mißtrauen[110]. Seine Instuition, so soll er damals gesagt haben, sei ein besserer Wegweiser als alle klugen Überlegungen und Argumentationen der ängstlichen Politiker, Diplomaten, Völkerbundsjuristen und – so dürfen wir ergänzen – der militärischen Experten, er werde auch künftig nicht auf sie hören[111]. Er hat in der Tat nicht mehr auf sie gehört, sondern ist nur noch den Antrieben des eigenen Ehrgeizes und Gefühls gefolgt, womit er schließlich sich und das Reich in die furchtbarste Katastrophe der deutschen Geschichte führte.

[109] *IMT* XV, S. 387. Daß Hitler doch von Anfang an die Expansion nach Osten beabsichtigte, zeigt der uns durch die Aufzeichnung des Generals Liebmann überlieferte Inhalt seiner Ansprache an die Befehlshaber des Heeres und der Marine vom 3. Februar 1933, also unmittelbar nach der Machtergreifung, in der zwar zunächst als Programm nach außen Kampf gegen Versailles und Gleichberechtigung in Genf verkündet, dann aber gesagt wurde: „Wie soll politische Macht, wenn sie gewonnen ist, gebraucht werden? Jetzt noch nicht zu sagen. Vielleicht Erkämpfung neuer Exportmöglichkeiten, vielleicht – und wohl besser – Eroberung neuen Lebensraumes im Osten und dessen rücksichtslose Germanisierung". *Vogelsang* S. 435. Auf den Willen zur „Erweiterung des Lebensraums" weist vor dem Hoßbach-Dokument auch die im August 1936 von Hitler verfaßte Denkschrift zum Vierjahresplan, die *W. Treue* in den Vierteljahrsheften für Zeitgeschichte III, 1955, S. 184 bis 210 veröffentlicht und kommentiert hat. Vgl. auch ebenda S. 240–275 *P. Kluke*, Nationalsozialistische Europaideologie.

[110] Siehe die Aussage Mansteins *IMT* XX, S. 657. Vgl. *J. W. Wheeler-Bennett*, Die Nemesis der Macht, Die deutsche Armee in der Politik 1918–1945, 1954, S. 376; *H. Krausnick*, Vorgeschichte und Beginn des militärischen Widerstandes gegen Hitler, Aus Politik und Zeitgeschichte, Beilage zu „Das Parlament", 1955, XXXXV, S. 671.

[111] *Meißner* S. 412. Schon in der Unterredung mit dem Geschäftsträger in Paris Forster im Februar spottete er auf dessen Einwände über die Diplomaten, die nur glücklich seien, wenn sie verhandeln könnten.

VERÖFFENTLICHUNGEN DER ARBEITSGEMEINSCHAFT FÜR FORSCHUNG DES LANDES NORDRHEIN-WESTFALEN

NATURWISSENSCHAFTEN

HEFT 1

Prof. Dr.-Ing. Friedrich Seewald, Aachen
Neue Entwicklungen auf dem Gebiet der Antriebsmaschinen

Prof. Dr.-Ing. Friedrich A. F. Schmidt, Aachen
Technischer Stand und Zukunftsaussichten der Verbrennungsmaschinen, insbesondere der Gasturbinen

Dr.-Ing. Rudolf Friedrich, Mülheim (Ruhr)
Möglichkeiten und Voraussetzungen der industriellen Verwertung der Gasturbine

1951, 52 Seiten, 15 Abb., kartoniert, DM 2,75

HEFT 2

Prof. Dr.-Ing. Wolfgang Riezler, Bonn
Probleme der Kernphysik

Prof. Dr. Fritz Micheel, Münster
Isotope als Forschungsmittel in der Chemie und Biochemie

1951, 40 Seiten, 10 Abb., kartoniert, DM 2,40

HEFT 3

Prof. Dr. Emil Lehnartz, Münster
Der Chemismus der Muskelmaschine

Prof. Dr. Gunther Lehmann, Dortmund
Physiologische Forschung als Voraussetzung der Bestgestaltung der menschlichen Arbeit

Prof. Dr. Heinrich Kraut, Dortmund
Ernährung und Leistungsfähigkeit

1951, 60 Seiten, 35 Abb., kartoniert, DM 3,50

HEFT 4

Prof. Dr. Franz Wever, Düsseldorf
Aufgaben der Eisenforschung

Prof. Dr.-Ing. Hermann Schenck, Aachen
Entwicklungslinien des deutschen Eisenhüttenwesens

Prof. Dr.-Ing. Max Haas, Aachen
Wirtschaftliche Bedeutung der Leichtmetalle und ihre Entwicklungsmöglichkeiten

1952, 60 Seiten, 20 Abb., kartoniert, DM 3,50

HEFT 5

Prof. Dr. Walter Kikuth, Düsseldorf
Virusforschung

Prof. Dr. Rolf Danneel, Bonn
Fortschritte der Krebsforschung

Prof. Dr. Dr. Werner Schulemann, Bonn
Wirtschaftliche und organisatorische Gesichtspunkte für die Verbesserung unserer Hochschulforschung

1952, 50 Seiten, 2 Abb., kartoniert, DM 2,75

HEFT 6

Prof. Dr. Walter Weizel, Bonn
Die gegenwärtige Situation der Grundlagenforschung in der Physik

Prof. Dr. Siegfried Strugger, Münster
Das Duplikantenproblem in der Biologie

Direktor Dr. Fritz Gummert, Essen
Überlegungen zu den Faktoren Raum und Zeit im biologischen Geschehen und Möglichkeiten einer Nutzanwendung

1952, 64 Seiten, 20 Abb., kartoniert, DM 3,—

HEFT 7

Prof. Dr.-Ing. August Götte, Aachen
Steinkohle als Rohstoff und Energiequelle

Prof. Dr. Dr. E. h. Karl Ziegler, Mülheim (Ruhr)
Über Arbeiten des Max-Planck-Institutes für Kohlenforschung

1953, 66 Seiten, 4 Abb., kartoniert, DM 3,60

HEFT 8

Prof. Dr.-Ing. Wilhelm Fucks, Aachen
Die Naturwissenschaft, die Technik und der Mensch

Prof. Dr. Walther Hoffmann, Münster
Wirtschaftliche und soziologische Probleme des technischen Fortschritts

1952, 84 Seiten, 12 Abb., kartoniert, DM 4,80

HEFT 9

Prof. Dr.-Ing. Franz Bollenrath, Aachen
Zur Entwicklung warmfester Werkstoffe

Prof. Dr. Heinrich Kaiser, Dortmund
Stand spektralanalytischer Prüfverfahren und Folgerung für deutsche Verhältnisse

1952, 100 Seiten, 62 Abb., kartoniert, DM 6,—

HEFT 10

Prof. Dr. Hans Braun, Bonn
Möglichkeiten und Grenzen der Resistenzzüchtung

Prof. Dr.-Ing. Carl Heinrich Dencker, Bonn
Der Weg der Landwirtschaft von der Energieautarkie zur Fremdenergie

1952, 74 Seiten, 23 Abb., kartoniert, DM 4,30

HEFT 11

Prof. Dr.-Ing. Herwart Opitz, Aachen
Entwicklungslinien der Fertigungstechnik in der Metallbearbeitung

Prof. Dr.-Ing. Karl Krekeler, Aachen
Stand und Aussichten der schweißtechnischen Fertigungsverfahren

1952, 72 Seiten, 49 Abb., kartoniert, DM 5,—

HEFT 12

Dr. Hermann Rathert, Wuppertal-Elberfeld
Entwicklung auf dem Gebiet der Chemiefaser-Herstellung

Prof. Dr. Wilhelm Weltzien, Krefeld
Rohstoff und Veredlung in der Textilwirtschaft

1952, 84 Seiten, 29 Abb., kartoniert, DM 4,80

HEFT 13

Dr.-Ing. E. h. Karl Herz, Frankfurt a. M.
Die technischen Entwicklungstendenzen im elektrischen Nachrichtenwesen

Staatssekretär Prof. Leo Brandt, Düsseldorf
Navigation und Luftsicherung

1952, 102 Seiten, 97 Abb., kartoniert, DM 7,25

HEFT 14

Prof. Dr. Burckhardt Helferich, Bonn
Stand der Enzymchemie und ihre Bedeutung

Prof. Dr. Hugo Wilhelm Knipping, Köln
Ausschnitt aus der klinischen Carcinomforschung am Beispiel des Lungenkrebses

1952, 72 Seiten, 12 Abb., kartoniert, DM 4,30

HEFT 15

Prof. Dr. Abraham Esau †, Aachen
Ortung mit elektrischen und Ultraschallwellen in Technik und Natur

Prof. Dr.-Ing. Eugen Flegler, Aachen
Die ferromagnetischen Werkstoffe der Elektrotechnik und ihre neueste Entwicklung

1953, 84 Seiten, 25 Abb., kartoniert, DM 4,80

HEFT 16

Prof. Dr. Rudolf Seyffert, Köln
Die Problematik der Distribution

Prof. Dr. Theodor Beste, Köln
Der Leistungslohn

1952, 70 Seiten, 1 Abb., kartoniert, DM 3,50

HEFT 17

Prof. Dr.-Ing. Friedrich Seewald, Aachen
Luftfahrtforschung in Deutschland und ihre Bedeutung für die allgemeine Technik

Prof. Dr.-Ing. Edouard Houdremont, Essen
Art und Organisation der Forschung in einem Industrieforschungsinstitut der Eisenindustrie

1953, 90 Seiten, 4 Abb., kartoniert, DM 4,20

HEFT 18

Prof. Dr. Dr. Werner Schulemann, Bonn
Theorie und Praxis pharmakologischer Forschung

Prof. Dr. Wilhelm Groth, Bonn
Technische Verfahren zur Isotopentrennung

1953, 72 Seiten, 17 Abb., kartoniert, DM 4,—

HEFT 19

Dipl.-Ing. Kurt Traenckner, Essen
Entwicklungstendenzen der Gaserzeugung

1953, 26 Seiten, 12 Abb., kartoniert, DM 1,60

HEFT 20

M. Zvegintzow, London
Wissenschaftliche Forschung und die Auswertung ihrer Ergebnisse
Ziel und Tätigkeit der National Research Development Corporation

Dr. Alexander King, London
Wissenschaft und internationale Beziehungen

1954, 88 Seiten, kartoniert, DM 4,20

HEFT 21

Prof. Dr. Robert Schwarz, Aachen
Wesen und Bedeutung der Silicium-Chemie

Prof. Dr. Dr. h. c. Kurt Alder, Köln
Fortschritte in der Synthese von Kohlenstoffverbindungen

1954, 76 Seiten, 49 Abb., kartoniert, DM 4,—

HEFT 21 a

Prof. Dr. Dr. h. c. Otto Hahn, Göttingen
Die Bedeutung der Grundlagenforschung für die Wirtschaft

Prof. Dr. Siegfried Strugger, Münster
Die Erforschung des Wasser- und Nährsalztransportes im Pflanzenkörper mit Hilfe der fluoreszenzmikroskopischen Kinematographie

1953, 74 Seiten, 26 Abb., kartoniert, DM 5,—

HEFT 22

Prof. Dr. Johannes von Allesch, Göttingen
Die Bedeutung der Psychologie im öffentlichen Leben

Prof. Dr. Otto Graf, Dortmund
Triebfedern menschlicher Leistung

1953, 80 Seiten, 19 Abb., kartoniert, DM 4,—

HEFT 23

Prof. Dr. Dr. h. c. Bruno Kuske, Köln
Zur Problematik der wirtschaftswissenschaftlichen Raumforschung

Prof. Dr. Dr.-Ing. E. h. Stephan Prager, Düsseldorf
Städtebau und Landesplanung

1954, 84 Seiten, kartoniert, DM 3,50

HEFT 24

Prof. Dr. Rolf Danneel, Bonn
Über die Wirkungsweise der Erbfaktoren

Prof. Dr. Kurt Herzog, Krefeld
Bewegungsbedarf der menschlichen Gliedmaßengelenke bei der Berufsarbeit

1953, 76 Seiten, 18 Abb., kartoniert, DM 4,—

HEFT 25

Prof. Dr. Otto Haxel, Heidelberg
Energiegewinnung aus Kernprozessen

Dr.-Ing. Dr. Max Wolf, Düsseldorf
Gegenwartsprobleme der energiewirtschaftlichen Forschung

1953, 98 Seiten, 27 Abb., kartoniert, DM 5,25

HEFT 26

Prof. Dr. Friedrich Becker, Bonn
Ultrakurzwellenstrahlung aus dem Weltraum

Dr. Hans Straßl, Bonn
Bemerkenswerte Doppelsterne und das Problem der Sternentwicklung

1954, 70 Seiten, 8 Abb., kartoniert, DM 3,60

HEFT 27

Prof. Dr. Heinrich Behnke, Münster
Der Strukturwandel der Mathematik in der ersten Hälfte des 20. Jahrhunderts

Prof. Dr. Emanuel Sperner, Hamburg
Eine mathematische Analyse der Luftdruckverteilungen in großen Gebieten

1956, 96 Seiten, 12 Abb, 5 Tab., kartoniert, DM 5,—

HEFT 28

Prof. Dr. Oskar Niemczyk, Aachen
Die Problematik gebirgsmechanischer Vorgänge im Steinkohlenbergbau

Prof. Dr. Wilhelm Ahrens, Krefeld
Die Bedeutung geologischer Forschung für die Wirtschaft, besonders in Nordrhein-Westfalen

1955, 96 Seiten, 12 Abb., kartoniert, DM 5,25

HEFT 29

Prof. Dr. Bernhard Rensch, Münster
Das Problem der Residuen bei Lernleistungen

Prof. Dr. Hermann Fink, Köln
Über Leberschäden bei der Bestimmung des biologischen Wertes verschiedener Eiweiße von Mikroorganismen

1954, 96 Seiten, 23 Abb., kartoniert, DM 5,25

HEFT 30

Prof. Dr.-Ing. Friedrich Seewald, Aachen
Forschungen auf dem Gebiete der Aerodynamik

Prof. Dr.-Ing. Karl Leist, Aachen
Einige Forschungsarbeiten aus der Gasturbinentechnik

1955, 98 Seiten, 45 Abb., kartoniert, DM 7,—

HEFT 31

Prof. Dr.-Ing. Dr. h. c. Fritz Mietzsch, Wuppertal
Chemie und wirtschaftliche Bedeutung der Sulfonamide

Prof. Dr. Dr. h. c. Gerhard Domagk, Wuppertal
Die experimentellen Grundlagen der bakteriellen Infektionen

1954, 82 Seiten, 2 Abb., kartoniert, DM 4,—

HEFT 32

Prof. Dr. Hans Braun, Bonn
Die Verschleppung von Pflanzenkrankheiten und -schädigungen über die Welt

Prof. Dr. Wilhelm Rudorf, Voldagsen
Der Beitrag von Genetik und Züchtung zur Bekämpfung von Viruskrankheiten der Nutzpflanzen

1953, 88 Seiten, 36 Abb., kartoniert, DM 5,—

HEFT 33

Prof. Dr.-Ing. Volker Aschoff, Aachen
Probleme der elektroakustischen Einkanalübertragung

Prof. Dr.-Ing. Herbert Döring, Aachen
Erzeugung und Verstärkung von Mikrowellen

1954, 74 Seiten, 23 Abb., kartoniert, DM 4,30

HEFT 34

Geheimrat Prof. Dr. Dr. Rudolf Schenck, Aachen
Bedingungen und Gang der Kohlenhydratsynthese im Licht

Prof. Dr. Emil Lehnartz, Münster
Die Endstufen des Stoffabbaues im Organismus

1954, 80 Seiten, 11 Abb., kartoniert, DM 4,20

HEFT 35

Prof. Dr.-Ing. Hermann Schenck, Aachen
Gegenwartsprobleme der Eisenindustrie in Deutschland

Prof. Dr.-Ing. Eugen Piwowarsky †, Aachen
Gelöste und ungelöste Probleme im Gießereiwesen

1954, 110 Seiten, 67 Abb., kartoniert, DM 6,50

HEFT 36

Prof. Dr. Wolfgang Riezler, Bonn
Teilchenbeschleuniger

Prof. Dr. Gerhard Schubert, Hamburg
Anwendung neuer Strahlenquellen in der Krebstherapie

1954, 104 Seiten, 43 Abb., kartoniert, DM 7,—

HEFT 37

Prof. Dr. Franz Lotze, Münster
Probleme der Gebirgsbildung

Bergwerksdirektor Bergassessor a.D. G. Rauschenbach, Essen
Die Erhaltung der Förderungskapazität des Ruhrbergbaues auf lange Sicht

in Vorbereitung

HEFT 38

Dr. E. Colin Cherry, London
Kybernetik

Prof. Dr. Erich Pietsch, Clausthal-Zellerfeld
Dokumentation und mechanisches Gedächtnis — zur Frage der Ökonomie der geistigen Arbeit

1954, 108 Seiten, 31 Abb., kartoniert, DM 5,25

HEFT 39

Dr. Heinz Haase, Hamburg
Infrarot und seine technischen Anwendungen

Prof. Dr. Abraham Esau †, Aachen
Ultraschall und seine technischen Anwendungen

1955, 80 Seiten, 25 Abb., kartoniert, DM 4,80

HEFT 40

Bergassessor Fritz Lange, Bochum-Hordel
Die wirtschaftliche und soziale Bedeutung der Silikose im Bergbau

Prof. Dr. Walter Kikuth, Düsseldorf
Die Entstehung der Silikose und ihre Verhütungsmaßnahmen

1954, 120 Seiten, 40 Abb., kartoniert, DM 7,25

HEFT 40a

Prof. Dr. Eberhard Gross, Bonn
Berufskrebs und Krebsforschung

Prof. Dr. Hugo Wilhelm Knipping, Köln
Die Situation der Krebsforschung vom Standpunkt der Klinik

1955, 88 Seiten, 31 Abb., kartoniert, DM 5,—

HEFT 41

Direktor Dr.-Ing. Gustav-Victor Lachmann, London
An einer neuen Entwicklungsschwelle im Flugzeugbau

Direktor Dr.-Ing. A. Gerber, Zürich-Oerlikon
Stand der Entwicklung der Raketen- und Lenktechnik

1955, 88 Seiten, 44 Abb., kartoniert, DM 6,—

HEFT 42

Prof. Dr. Theodor Kraus, Köln
Lokalisationsphänomene und Raumordnung vom Standpunkt der geographischen Wissenschaft

Direktor Dr. Fritz Gummert, Essen
Vom Ernährungsversuchsfeld der Kohlenstoffbiologischen Forschungsstation Essen

in Vorbereitung

HEFT 42a

Prof. Dr. Dr. h. c. Gerhard Domagk, Wuppertal
Fortschritte auf dem Gebiet der experimentellen Krebsforschung

1954, 46 Seiten, kartoniert, DM 2,—

HEFT 43

Prof. Giovanni Lampariello, Rom
Über Leben und Werk von Heinrich Hertz

Prof. Dr. Walter Weizel, Bonn
Über das Problem der Kausalität in der Physik

1955, 76 Seiten kartoniert, DM 3,30

HEFT 43a

Prof. Dr. José Ma Albareda, Madrid
Die Entwicklung der Forschung in Spanien

in Vorbereitung

HEFT 44

Prof. Dr. Burckhardt Helferich, Bonn
Über Glykoside

Prof. Dr. Fritz Micheel, Münster
Kohlenhydrat-Eiweiß-Verbindungen und ihre biochemische Bedeutung

1956, 70 Seiten, 67 Abb., kartoniert

HEFT 45

Prof. Dr. John von Neumann, Princeton, USA
Entwicklung und Ausnutzung neuerer mathematischer Maschinen

Prof. Dr. E. Stiefel, Zürich
Rechenautomaten im Dienste der Technik mit Beispielen aus dem Züricher Institut für angewandte Mathematik

1955, 74 Seiten, 6 Abb., kartoniert, DM 3,50

HEFT 46

Prof. Dr. Wilhelm Weltzien, Krefeld
Ausblick auf die Entwicklung synthetischer Fasern

Prof. Dr. Walther Hoffmann, Münster
Wachstumsformen der Industriewirtschaft

in Vorbereitung

18 NEUE FORSCHUNGSSTELLEN

im Land Nordrhein-Westfalen

1954, 176 Seiten, 70 Abb., kartoniert, DM 10,—

HEFT 47

Staatssekretär Prof. Leo Brandt, Düsseldorf
Die praktische Förderung der Forschung in Nordrhein-Westfalen

Prof. Dr. Ludwig Raiser, Bad Godesberg
Die Förderung der angewandten Forschung durch die Deutsche Forschungsgemeinschaft

in Vorbereitung

HEFT 48

Dr. Hermann Tromp, Rom
Bestandsaufnahme der Wälder der Welt als internationale und wissenschaftliche Aufgabe

Prof. Dr. Franz Heske, Schloß Reinbek
Die Wohlfahrtswirkungen des Waldes als internationales Problem

in Vorbereitung

HEFT 49

Präsident Dr. G. Böhnecke, Hamburg
Zeitfragen der Ozeanographie

Reg.-Direktor Dr. H. Gabler, Hamburg
Nautische Technik und Schiffssicherheit

1955, 120 Seiten, 49 Abb., kartoniert, DM 7,50

HEFT 50

Prof. Dr.-Ing. Friedrich A. F. Schmidt, Aachen
Probleme der Selbstzündung und Verbrennung bei der Entwicklung der Hochleistungskraftmaschinen

Prof. Dr.-Ing. A. W. Quick, Aachen
Ein Verfahren zur Untersuchung des Austauschvorganges in verwirbelten Strömungen hinter Körpern mit abgelöster Strömung

1956, 88 Seiten, 38 Abb., kartoniert, DM 6,20

HEFT 51

Prof. Dr. Siegfried Strugger, Münster
Struktur, Entwicklungsgeschichte und Physiologie der Chloroplasten

Direktor Dr. J. Pätzold, Erlangen
Therapeutische Anwendung mechanischer und elektrischer Energie

in Vorbereitung

HEFT 52

Mr. Patmore, London
Lufttüchtigkeit und technische Prüfung der Flugzeuge in England

Prof. A. D. Young, Cranfield
Die Ausbildung des Ingenieurnachwuchses auf dem Luftfahrtgebiet in England

in Vorbereitung

JAHRESFEIER 1955

Prof. Dr. Josef Pieper, Münster
Über den Philosophie-Begriff Platons

Prof. Dr. Walter Weizel, Bonn
Die Mathematik und die physikalische Realität

1955, 62 Seiten, kartoniert, DM 2,90

HEFT 52a

Dr. D. C. Martin, London
Geschichte und Organisation der Royal Society

Dr. Roux, Südafrika
Probleme der wissenschaftlichen Forschung in der Südafrikanischen Union

in Vorbereitung

HEFT 53

Prof. Dr.-Ing. Georg Schnadel, Hamburg
Forschungsaufgaben zur Untersuchung der Festigkeitsprobleme im Schiffsbau

Prof. Dipl.-Ing. Wilhelm Sturtzel, Duisburg
Forschungsaufgaben zur Untersuchung der Widerstandsprobleme im Schiffsbau

in Vorbereitung

HEFT 53 a

Prof. Giovanni Lampariello, Rom
Von Galilei zu Einstein

1956, 92 Seiten, kartoniert, DM 4,20

HEFT 54

Prof. Dr. Julius Bartels, Göttingen
Sonne und Erde — das Thema des internationalen geophysikalischen Jahres

Direktor Dr. Walter Dieminger, Lindau/Harz
Ionosphäre und drahtloser Weitverkehr

in Vorbereitung

HEFT 54a

Sir John Cockcroft, London
Die friedliche Anwendung der Kernenergie

in Vorbereitung

HEFT 55

Prof. Dr.-Ing. Fritz Schultz-Grunow, Aachen
Das Kriechen und Fließen hochzäher und plastischer Stoffe

Prof. Dr.-Ing. Hans Ebner, Aachen
Wege und Ziele der Festigkeitsforschung besonders im Hinblick auf den Leichtbau

in Vorbereitung

HEFT 56

Prof. Dr. Ernst Derra, Düsseldorf
Der Entwicklungsstand der Herzchirurgie

Prof. Dr. Gunther Lehmann, Dortmund
Muskelarbeit und Muskelermüdung in Theorie und Praxis

in Vorbereitung

HEFT 57

Prof. Dr. Theodor von Kármán, Pasadena
Freiheit und Organisation in der Luftfahrtforschung

Staatssekretär Prof. Leo Brandt, Düsseldorf
Bericht über den Wiederbeginn deutscher Luftfahrtforschung

in Vorbereitung

HEFT 58

Prof. Dr. Fritz Schröter, Ulm
Neue Forschungs- und Entwicklungsrichtungen im Fernsehen

Prof. Dr. Albert Narath, Berlin
Der gegenwärtige Stand der Filmtechnik

in Vorbereitung

HEFT 59

Prof. Dr. Richard Courant, New York
Die Bedeutung der modernen mathematischen Rechenmaschinen für mathematische Probleme der Hydrodynamik und Reaktortechnik

Prof. Dr Ernst Peschl, Bonn
Die Rolle der komplexen Zahlen in der Mathematik und die Bedeutung der komplexen Analysis

in Vorbereitung

HEFT 60

Prof. Dr. Wolfgang Flaig, Braunschweig
Grundlagenforschung auf dem Gebiet des Humus und der Bodenfruchtbarkeit

Prof. Dr. Dr. Eduard Mückenhausen, Bonn
Typologische Bodenentwicklung und Bodenfruchtbarkeit

in Vorbereitung

HEFT 61

Dr. Klaus Oswatitsch, Aachen
Gelöste und ungelöste Probleme der Gasdynamik

Prof. Dr. W. Georgii, München
Aerophysikalische Flugforschung

in Vorbereitung

GEISTESWISSENSCHAFTEN

HEFT 1

Prof. Dr. Werner Richter, Bonn
Die Bedeutung der Geisteswissenschaften für die Bildung unserer Zeit

Prof. Dr. Joachim Ritter, Münster
Die aristotelische Lehre vom Ursprung und Sinn der Theorie

1953, 64 Seiten, kartoniert, DM 2,90

HEFT 2

Prof. Dr. Josef Kroll, Köln
Elysium

Prof. Dr. Günther Jachmann, Köln
Die vierte Ekloge Vergils

1953, 72 Seiten, kartoniert, DM 2,90

HEFT 3

Prof. Dr. Hans Erich Stier, Münster
Die klassische Demokratie

1954, 100 Seiten, kartoniert, DM 4,50

HEFT 4

Prof. Dr. Werner Caskel, Köln
Lihyan und Lihyanisch. Sprache und Kultur eines früharabischen Königreiches

1954, 168 Seiten, 6 Abb., kartoniert, DM 8,25

HEFT 5

Prof. Dr. Thomas Ohm, Münster
Stammesreligionen im südlichen Tanganyika-Territorium

1953, 80 Seiten, 25 Abb., kartoniert, DM 8,—

HEFT 6

Prälat Prof. Dr. Dr. h. c. Georg Schreiber, Münster
Deutsche Wissenschaftspolitik von Bismarck bis zum Atomwissenschaftler Otto Hahn

1954, 102 Seiten, 7 Abb., kartoniert, DM 5,—

HEFT 7

Prof. Dr. Walter Holtzmann, Bonn
Das mittelalterliche Imperium und die werdenden Nationen

1953, 28 Seiten, kartoniert, DM 1,30

HEFT 8

Prof. Dr. Werner Caskel, Köln
Die Bedeutung der Beduinen in der Geschichte der Araber

1954, 44 Seiten, kartoniert, DM 2,—

HEFT 9

Prälat Prof. Dr. Dr. h. c. Georg Schreiber, Münster
Irland im deutschen und abendländischen Sakralraum

1956, 128 Seiten, 20 Abb., kartoniert, DM 9,—

HEFT 10

Prof. Dr. Peter Rassow, Köln
Forschungen zur Reichsidee im 16. und 17. Jahrhundert

1955, 32 Seiten, kartoniert, DM 1,50

HEFT 11

Prof. Dr. Hans Erich Stier, Münster
Roms Aufstieg zur Weltherrschaft

in Vorbereitung

HEFT 12

Prof. D. Karl Heinrich Rengstorf, Münster
Mann und Frau im Urchristentum

Prof. Dr. Hermann Conrad, Bonn
Grundprobleme einer Reform des Familienrechts

1954, 106 Seiten, kartoniert, DM 4,50

HEFT 13

Prof. Dr. Max Braubach, Bonn
Der Weg zum 20. Juli 1944

1953, 48 Seiten, kartoniert, DM 2,20

HEFT 14

Prof. Dr. Paul Hübinger, Münster
Das deutsch - französische Verhältnis und seine mittelalterlichen Grundlagen

in Vorbereitung

HEFT 15

Prof. Dr. Franz Steinbach, Bonn
Der geschichtliche Weg des wirtschaftenden Menschen in die soziale Freiheit und politische Verantwortung

1954, 76 Seiten, kartoniert, DM 2,90

HEFT 16

Prof. Dr. Josef Koch, Köln
Die Ars coniecturalis des Nikolaus von Cues

1956, 56 Seiten, 2 Abb., kartoniert, DM 2,90

HEFT 17

Prof. Dr. James Conant, US-Hochkommissar für Deutschland
Staatsbürger und Wissenschaftler

Prof. D. Karl Heinrich Rengstorf, Münster
Antike und Christentum

1953, 48 Seiten, 2 Abb., kartoniert, DM 2,90

HEFT 18

Prof. Dr. Richard Alewyn, Köln
Klopstocks Publikum

in Vorbereitung

HEFT 19

Prof. Dr. Fritz Schalk, Köln
Das Lächerliche in der französischen Literatur des Ancien Régime

1954, 42 Seiten, kartoniert, DM 2,—

HEFT 20

Prof. Dr. Ludwig Raiser, Bad Godesberg
Rechtsfragen der Mitbestimmung

1954, 48 Seiten, kartoniert, DM 2,—

HEFT 21

Prof. D. Martin Noth, Bonn
Das Geschichtsverständnis der alttestamentlichen Apokalyptik

1953, 36 Seiten, kartoniert, DM 1,60

HEFT 22

Prof. Dr. Walter F. Schirmer, Bonn
Glück und Ende des Könige in Shakespeares Historien

1954, 32 Seiten, kartoniert, DM 1,50

HEFT 23

Prof. Dr. Günther Jachmann, Köln
Der homerische Schiffskatalog und die Ilias

in Vorbereitung

HEFT 24

Prof. Dr. Theodor Klauser, Bonn
Die römischen Petrustraditionen im Lichte der neuen Ausgrabungen unter der Peterskirche

in Vorbereitung

HEFT 25

Prof. Dr. Hans Peters, Köln
Die Gewaltentrennung in moderner Sicht

1955, 48 Seiten, kartoniert, DM 2,20

HEFT 26

Prof. Dr. Fritz Schalk, Köln
Calderon und die Mythologie

in Vorbereitung

HEFT 27

Prof. Dr. Josef Kroll, Köln
Vom Leben geflügelter Worte

in Vorbereitung

HEFT 28

Prof. Dr. Thomas Ohm, Münster
Die Religionen in Asien

1954, 50 Seiten, 4 Abb., kartoniert, DM 5,—

HEFT 29

Prof. Dr. Johann Leo Weisgerber, Bonn
Die Ordnung der Sprache im persönlichen und öffentlichen Leben

1955, 64 Seiten, kartoniert, DM 2,90

HEFT 30

Prof. Dr. Werner Caskel, Köln
Entdeckungen in Arabien

1954, 44 Seiten, kartoniert, DM 2,—

HEFT 31

Prof. Dr. Max Braubach, Bonn
Entstehung und Entwicklung der landesgeschichtlichen Bestrebungen und historischen Vereine im Rheinland

1955, 32 Seiten, kartoniert, DM 1,60

HEFT 32

Prof. Dr. Fritz Schalk, Köln
Somnium und verwandte Wörter in den romanischen Sprachen

1955, 48 Seiten, 3 Abb., kartoniert, DM 2,50

HEFT 33

Prof. Dr. Friedrich Dessauer, Frankfurt a. M.
Erbe und Zukunft des Abendlandes

in Vorbereitung

HEFT 34

Prof. Dr. Thomas Ohm, Münster
Ruhe und Frömmigkeit

1955, 128 Seiten, 30 Abb., kartoniert, DM 8,—

HEFT 35

Prof. Dr. Hermann Conrad, Bonn
Die mittelalterliche Besiedlung des deutschen Ostens und das Deutsche Recht

1955, 40 Seiten, kartoniert, DM 2,—

HEFT 36

Prof. Dr. Hans Sckommodau, Köln
Die religiösen Dichtungen Margaretes von Navarra

1955, 172 Seiten, kartoniert, DM 7,20

HEFT 37

Prof. Dr. Herbert von Einem, Bonn
Der Mainzer Kopf mit der Binde

1955, 88 Seiten, 40 Abb., kartoniert, DM 6,—

HEFT 38

Prof. Dr. Joseph Höffner, Münster
Statik und Dynamik in der scholastischen Wirtschaftsethik

1955, 48 Seiten, kartoniert, DM 2,20

HEFT 39

Prof. Dr. Fritz Schalk, Köln
Diderots Essai über Claudius und Nero

in Vorbereitung

HEFT 40

Prof. Dr. Gerhard Kegel, Köln
Probleme des internationalen Enteignungs- und Währungsrechts

in Vorbereitung

HEFT 41

Prof. Dr. Johann Leo Weisgerber, Bonn
Die Grenzen der Schrift — Der Kern der Rechtschreibreform

1955, 72 Seiten, kartoniert, DM 3,25

HEFT 42

Prof. Dr. Richard Alewyn, Köln
Von der Empfindsamkeit zur Romantik

in Vorbereitung

HEFT 43

Prof. Dr. Theodor Schieder, Köln
Die Probleme des Rapallo-Vertrages

1956, 108 Seiten, kartoniert

HEFT 44
Prof. Dr. Andreas Rumpf, Köln
Stilphasen der spätantiken Kunst
in Vorbereitung

HEFT 45
Dr. Ulrich Luck, Münster
Kerygma und Tradition in der Hermeneutik Adolf Schlatters
1955, 136 Seiten, kartoniert, DM 6,15

HEFT 46
Prof. Dr. Walther Holtzmann, Rom
Das Deutsche Historische Institut in Rom
Prof. Dr. Graf Wolff Metternich, Rom
Die Bibliotheca Hertziana und der Palazzo Zuccari
1955, 68 Seiten, 7 Abb., kartoniert, DM 3,50

JAHRESFEIER 1955
Prof. Dr. Josef Pieper, Münster
Über den Philosophie-Begriff Platons
Prof. Dr. Walter Weizel, Bonn
Die Mathematik und die physikalische Realität
1955, 62 Seiten, kartoniert, DM 2,90

HEFT 47
Prof. Dr. Harry Westermann, Münster
Person und Persönlichkeit im Zivilrecht
in Vorbereitung

HEFT 48
Prof. Dr. Johann Leo Weisgerber, Bonn
Die Namen der Ubier
in Vorbereitung

HEFT 49
Prof. Dr. Friedrich Karl Schumann, Münster
Mythos und Technik
in Vorbereitung

HEFT 50
Prof. Dr. Wolfgang Schöne, Hamburg
Raffaels Sixtinische Madonna und die Sixtuskirche in Piacenza
in Vorbereitung

HEFT 51
Prälat Prof. Dr. Dr. h. c. Georg Schreiber, Münster
Der Bergbau in Geschichte, Ethos und Sakralkultur
in Vorbereitung

HEFT 52
Prof. Dr. Hans J. Wolff, Münster
Die Rechtsgestalt der Universität
in Vorbereitung

HEFT 53
Prof. Dr. Heinrich Vogt, Bonn
Schadenersatzprobleme im Verhältnis von Haftungsgrund und Schaden
in Vorbereitung

HEFT 54
Prof. Dr. Max Braubach, Bonn
Der Einmarsch der deutschen Truppen in die entmilitarisierte Zone am Rhein im März 1936. Ein Beitrag zur Vorgeschichte des zweiten Weltkrieges

HEFT 55
Prof. Dr. Herbert von Einem, Bonn
Die Menschwerdung Christi des Isenheimer Altars
in Vorbereitung

HEFT 56
Prof. Dr. E. J. Cohn, London
Der englische Gerichtstag
in Vorbereitung

HEFT 57
Dr. Albert Woopen, Aachen
Die Zivilehe und der Grundsatz der Unauflöslichkeit der Ehe in der Entwicklung des italienischen Zivilrechts
1956, 88 Seiten, kartoniert, DM 4,—

HEFT 58
Prof. Dr. Karl Kerényi, Ascona
Die Herkunft der Dionysos-Religion nach dem heutigen Stand der Forschung
in Vorbereitung

HEFT 59
Prof. Dr. Herbert Jankuhn, Kiel
Haithabu und der abendländische Handel nach Nordeuropa im frühen Mittelalter
in Vorbereitung

HEFT 60
Dr. Stephan Skalweit, Bonn
Edmund Burke und Frankreich
in Vorbereitung

HEFT 61
Prof. Dr. Ulrich Scheuner, Bonn
Die Neutralität im heutigen Völkerrecht
in Vorbereitung

HEFT 62
Prof. Dr. Anton Moortgat, Berlin
Bericht über das Ergebnis der Ausgrabungen in Syrien
in Vorbereitung

GPSR Compliance

The European Union's (EU) General Product Safety Regulation (GPSR) is a set of rules that requires consumer products to be safe and our obligations to ensure this.

If you have any concerns about our products, you can contact us on ProductSafety@springernature.com

In case Publisher is established outside the EU, the EU authorized representative is:

Springer Nature Customer Service Center GmbH
Europaplatz 3
69115 Heidelberg, Germany

Batch number: 10584556

Printed by Printforce, the Netherlands